怎样解题

数学思维的新方法

How to Solve It

[美] G · 波利亚 著
涂 泓 冯承天 译

上海科技教育出版社

图书在版编目(CIP)数据

怎样解题:数学思维的新方法/(美)波利亚著;涂泓,冯承天译. —上海:上海科技教育出版社,2011.11(2024.7重印)

ISBN 978-7-5428-5231-1

Ⅰ. ①怎… Ⅱ. ①波…②涂…③冯… Ⅲ. ①数学—思维方法 Ⅳ. ①01-0

中国版本图书馆CIP数据核字(2011)第144886号

内 容 提 要

这本经久不衰的畅销书出自一位著名数学家的手笔，虽然它讨论的是数学中发现和发明的方法和规律，但是对在其他任何领域中怎样进行正确思维都有明显的指导作用。本书围绕“探索法”这一主题，采用明晰动人的散文笔法，阐述了求得一个证明或解出一个未知数的数学方法可以怎样有助于解决任何“推理”性问题——从建造一座桥到猜出一个字谜。一代又一代的读者尝到了本书的甜头，他们在本书的指导下，学会了怎样摒弃不相干的东西，直捣问题的心脏。

作者简介

波利亚(George Polya,1887~1985),著名美国数学家和数学教育家。生于匈牙利布达佩斯。1912年获布达佩斯大学博士学位。1914年至1940年在瑞士苏黎世工业大学任数学助理教授、副教授和教授,1928年后任数学系主任。1940年移居美国,历任布朗大学和斯坦福大学的教授。1976年当选美国国家科学院院士。还是匈牙利科学院、法兰西科学院、比利时布鲁塞尔国际哲学科学院和美国艺术和科学学院的院士。其数学研究涉及复变函数、概率论、数论、数学分析、组合数学等众多领域。1937年提出的波利亚计数定理是组合数学的重要工具。长期从事数学教学,对数学思维的一般规律有深入的研究,这方面的名著有《怎样解题》、《数学的发现》、《数学与猜想》等,它们被译成多种文字,广为流传。

第一次印刷序(摘录)

一个重大的发现可以解决一道重大的题目,但是在解答任何一道题目的过程中都会有点滴的发现。你要解答的题目可能很平常,但是如果它激起你的好奇心,并使你的创造力发挥出来,而且如果你用自己的方法解决了它,那么你就能经历那种紧张状态,而且享受那种发现的喜悦。在一个易受外界影响的年龄段,这样的经历可能会培养出对智力思考的爱好,并对思想和性格留下终生的影响。

因此,一位数学教师就有着很大的机会。如果他把分配给他的时间都用来让学生操练一些常规运算,那么他就会扼杀他们的兴趣,阻碍他们的智力发展,从而错失他的良机。相反地,如果他用和学生的知识相称的题目来激起他们的好奇心,并用一些激励性的问题去帮助他们解答题目,那么他就能培养学生对独立思考的兴趣,并教给他们某些方法。

如果一个学生的大学课程中包含了某些数学科目,那么他也就有了一个独特的机会。当然,如果他把数学看成是一门这样的课程,他必须从中得到多少多少学分,而在期末考试后则应尽可能快地把它遗忘掉,那么他就失掉了这个机会。即使这个学生数学上有些天赋,他也有可能会失掉这一机会,因为和任何其他人一样,他必须去发现他自己的天赋和兴趣。要是他从未尝过树莓馅饼,他也就不可能知道自己会喜欢树莓馅饼。然而,他却有可能发现一道数学题目会如同一个纵横字谜游戏一样有趣,或者发现充满活力的思维练习就像一场激烈的网球比赛一样令人神往。在尝到了数学带来的乐趣以后，他就不会轻易地忘记，于是数学就很有机会成为他生活中的一部分：一种爱好，或者他专业工作中的一种工具，或者是他的职业，或者是一种崇高的抱负。

作者还记得自己的学生时代，那时他还是一个有点雄心的学生，渴望能懂一点数学和物理学。他听课、看书，试图领会所给出的解答及事实。但是有一个问题却一再困扰着他："是的，这个解答看来是行的，它似乎是正确的，但怎样才能想到这样一个解答呢？是的，这个实验看起来可行，这似乎是事实，但是人们怎么会发现这些事实的？而我自己如何才能想到或发现它们呢？"如今，作者正在一所大学中教授数学。他认为，或者说他希望，他的一些更努力的学生能提出类似的一些问题，他会尽力去满足他们的好奇心。不仅要尽力去理解这道或那道题目的解答，而且要去理解这个解答的动机和步骤，并尽力向别人解释这些动机和步骤，这就最终导致他写了现在这本书。作者希望本书对于那些期望提高学生解题能力的教师，以及对于渴望提高个人能力的学生都会有用。

虽然本书特别关注对于数学专业的学生和教师的要求，但它也应能引起任何关心创造和发现的各种途径和方法的人的兴趣。这种兴趣可能比一个人不经过思考而随意设想的要广泛得多。在那些流行的报纸和杂志上由纵横字谜游戏及其他谜语所占的篇幅似乎说明，人们会在解不合实际的题目上花费时间。在解答这道或那道不涉及物质利益的题目的愿望背后，也许有着一个更深切的好奇心,一个要求理解解答的各种途径和方法、动机和步骤的愿望。

本书写得有些简明扼要,但又尽可能浅显,并且是根据作者对求解方法的长期认真严肃的研究来写就的。这种研究方法被某些作者称为探索法(heuristic),虽然现在它已经不再那么流行了,但是它有过一段很长的历史,而且也许还会有其将来。

通过研究解题的方法,我们察觉到了数学的另一面。是的,数学具有两个面,它既是欧几里得(Euclid)的严谨的科学,但同时也是别的什么。以欧几里得方式表现出来的数学看上去是一种系统的演绎科学;但在形成过程中的数学看上去却是一种实验性的归纳科学。这两个方面都如同数学科学本身一样古老,但是第二个方面从某种意义上来说又是新的,因为我们正处于创造过程中的数学从未完全以这种方式呈现给学生或教师自己,乃至一般的公众。

关于探索法的这一主题和各个方面都有着联系。因此数学家、逻辑学家、心理学家、教育家,甚至哲学家都会提出将它的各个不同部分纳入他们各自的专门领域。由于充分认识到对立方有可能会提出批评,并敏锐地意识到自己的局限性,作者要作一点声明:在解题及教授各种层次的数学方面,作者都有一定的经验。

此主题在作者的一本即将完成的、内容更为宽泛的书中有了更为充分的阐述。

1944年8月1日

于斯坦福大学

第七次印刷序（摘录）

我很高兴地告诉大家，我现在已经成功地（至少是部分地）实现了我在第一次印刷序中许下的诺言：构成我的近著《数学与猜想》（*Mathematics and Plausible Reasoning*）的两个分卷《数学中的归纳和类比》（*Induction and Analogy in Mathematics*）以及《合情推理模式》（*Patterns of Plausible Inference*），延续了在《怎样解题》中所开始的思路。

1954年8月30日
于苏黎世

第 二 版 序

除了一些小的改进外,第二版新增了第四部分:“题目、提示、解答”。

在本版即将付印之际,出现了一篇论文[新泽西州普林斯顿教育测验服务中心(Educational Testing Service),参见《时代》,1956年6月18日号],它似乎系统地提出了一些中肯的意见,虽然这些意见对于知情者来说已了无新意,但是向公众表述它们却正是时机:“……数学的声誉令人怀疑,它是专业课程中最不受欢迎的一门……未来的教师在小学毕业时变得憎恶数学了……当他们回到小学去执教时又教出痛恨数学的下一代。”

我希望为使本书有更广大的读者面而修订的这一版,能使一些读者确信,数学除了作为通向工程工作和科学知识的必由之路以外,还可能有乐趣,并能为最高水平的智力活动开辟一个前景。

1956年6月30日

于苏黎世

怎 样 解 题

<table>
<tr><td>第一
你必须理解题目。</td><td>理 解 题 目
未知量是什么?已知数据是什么?条件是什么?条件有可能满足吗?条件是否足以确定未知量?或者它不够充分?或者多余?或者矛盾?
画一张图,引入适当的符号。
将条件的不同部分分开。你能把它们写出来吗?</td></tr>
<tr><td>第二
找出已知数据与未知量之间的联系。
如果找不到直接的联系,你也许不得不去考虑辅助题目。
最终你应该得到一个解题方案。</td><td>拟 订 方 案
你以前见过它吗?或者你见过同样的题目以一种稍有不同的形式出现吗?
你知道一道与它有关的题目吗?你知道一条可能有用的定理吗?
观察未知量!并尽量想出一道你所熟悉的具有相同或相似未知量的题目。
这里有一道题目和你的题目有关而且以前解过。你能利用它吗?你能利用它的结果吗?你能利用它的方法吗?为了有可能应用它,你是否应该引入某个辅助元素?
你能重新叙述这道题目吗?你还能以不同的方式叙述它吗?
回到定义上去。
如果你不能解所提的题目,先尝试去解某道有关的题目。你能否想到一道更容易着手的相关题目?一道更为普遍化的题目?一道更为特殊化的题目?一道类似的题目?你能解出这道题目的一部分吗?只保留条件的一部分,而丢掉其他部分,那么未知量可以确定到什么程度,它能怎样变化?你能从已知数据中得出一些有用的东西吗?你能想到其他合适的已知数据来确定该未知量吗?你能改变未知量或已知数据,或者有必要的话,把两者都改变,从而使新的未知量和新的已知数据彼此更接近吗?你用到所有的已知数据了吗?你用到全部的条件了吗?你把题目中所有关键的概念都考虑到了吗?</td></tr>
<tr><td>第三
执行你的方案。</td><td>执 行 方 案
执行你的解题方案,检查每一个步骤。你能清楚地看出这个步骤是正确的吗?你能否证明它是正确的?</td></tr>
<tr><td>第四
检查已经得到的解答。</td><td>回 顾
你能检验这个结果吗?你能检验这个论证吗?
你能以不同的方式推导这个结果吗?你能一眼就看出它来吗?
你能在别的什么题目中利用这个结果或这种方法吗?</td></tr>
</table>

引　言

以下的这些论述都是围绕前面题为“怎样解题”的这张表中的问题和建议而组织的。凡是从该表中引述的问题或建议都将以斜体印刷*，而这张表本身也将被简称为“该表”或“我们的表”。

接下来的几页将讨论该表的意图，通过一些例子来说明它的实际应用，并解释那些作为基础的概念和思维活动。用通俗易懂的话来解释，这些也可以说成是：如果你能恰当地使用这些问题和建议，而对你自己提出它们，那么它们也许能帮助你解决你的题目。如果你能恰当地使用这些同样的问题和建议，进而向你的学生提出它们，你也许就可以帮助他解决他的题目。

本书共分为四部分：

第一部分的标题是“在教室里”，包括了20个小节，今后引用到其中的每个小节都会用黑体数字的形式来表示，如“第**7**节”。第**1**节到第**5**节以笼统的方式讨论了我们的表的“目的”。第**6**节到第**17**节解释了该表的“主要部分，主要问题”是什么，并讨论了第一个实际的例子。第**18**、**19**、**20**节则加入了“更多例子”。

第二部分非常简短，标题为“怎样解题”。它以对话的形式写成，描写了一位有些理想化了的教师对一位有些理想化了的学生的一些简短问题的回答。

---

* 中译本里用楷体表示。——译者

第三部分也是最为宽泛的那一部分,是一部“探索法小词典”,下面我们将它称为“词典”。它包括按英文字母顺序排列的67个条目。例如,**探索法**(Heuristic)这个术语的含义就可以在第112页的这个标题下找到*。如果在文中提到这样的一个条目的话,就会用小号的大写字母来表示**。有几个条目下的段落比较专业化,这些段落就用方括号把它们括起来。某些条目和第一部分的联系比较紧密,并对它作了进一步的说明和更具体的评论。其他的条目则在一定程度上超出了第一部分的主旨,它们的目的是阐明背景情况。关于**现代探索法**(Modern Heuristic)有一个关键的条目。它解释了这些主要的条目和构成该词典基础的方案之间的联系。同时,它也包括了指导读者如何从该表中找出关于那些特定项目的信息。由于该词典中的这些条目在外在形式上变化多端,所以必须强调,存在一个通用方案和某些统一性。有些比较长的条目致力于系统而凝练地讨论某个普遍性的主题,有一些则包含了更为专门的评论,还有一些则是相互参照,或为历史数据,或为引文,或为格言,或者甚至是笑料。

对于这部词典,读者不应该读得太快;它的文字常常是凝练的,而且不时还有点微妙。读者可以参照这部词典来查找关于那些特定点的信息。如果这些点来自他在自己的题目或在他自己的学生

---

* 见中译本第102页。——译者

* * 中译本里用黑体表示。——译者

中得到的经验，那么这种阅读就更有可能会有所裨益。

第四部分的标题是“题目、提示、解答”。它对更有雄心的读者提出了几道题目。每道题目（在适当的距离之后）都跟随着一个“提示”，这个提示可能会揭示出一条通往结论的道路，而这个结论则在“解答”中作了解释。

我们已经一再地提到过“学生”和“教师”，而且我们还将会再三提到他们。我们最好能意识到，这里的“学生”可能是一个中学生，或是一个大学生，也可能是其他任何一个正在学习数学的人。同样，这里的“教师”可能是一位中学教师，或是一位大学讲师，也可能是任何一个对教授数学的技巧有兴趣的人。作者在看待情况时，有时是从学生的观点出发，有时则是从教师的观点出发（后面的这种方式在第一部分中出现较多）。然而在大多数的情况中（尤其是在第三部分中），作者是以一个既不是教师，也不是学生，而只是一个渴望解决他眼前题目的人的观点来看待问题的。

目　录

第一部分　在教室里

目的

主要部分，主要问题

* 仅为参见条目。

第一部分 在教室里

目 的

1. 帮助学生。 教师最重要的任务之一是帮助他的学生。这个任务并不很容易,它需要时间、实践、奉献和正确的原则。

学生应当获得尽可能多的独立工作的经验。但是,如果把问题留给他一人而不给他任何帮助,或者帮助不足,那么他可能根本得不到提高。而如果教师的帮助太多,就没有什么工作留给学生了。教师应当帮助学生,但不能太多,也不能太少,这样才能使学生有一个合理的工作量。

如果学生没有能力做很多,那么教师至少应当给他一些独立工作的感觉。要做到这一点,教师应当谨慎地、不露痕迹地帮助学生。

然而,最好是顺乎自然地帮助学生。教师应当把自己放在学生的位置上,他应当看到学生的情况,应当努力去理解学生心里正在想什么,然后提出一个问题或是指出一个步骤,而这正是学生自己原本应想到的。

2. 问题,建议,思维活动。 为了能有效地,但不露痕迹和自然地帮助学生,教师得要一次又一次地问同样的问题,指出同样的步骤。这样,在数不清的题目中,我们不得不问这样的问题:未知量是什么?我们可以变换词语,用多种不同的方法来问相同的事情:需要求的是什么?你想求得什么?你指望寻找什么?这些问题的目的是要把学生的注意力集中到未知量上来。有时我们采用一个建议,来更自然地得到同样的效果:观察未知量!问题和建议的目的是为了同一个效果;它们试图引起同样的思维活动。

在作者看来,也许值得收集那些在与学生讨论题目时通常有帮助的问题和提示,并加以归类。我们学习的这一张表包含了经仔细挑选和安排的这一类问题和建议;它们对于那些独立的解题者同样是有帮助的。如果读者对该表有充分的了解,并且能够从那些建议中看出所应采取的做法,那么他就可能明白该表所间接列举的对解题通常有用的思维活动。这些思维活动是按照它们最可能发生的次序来排列的。

3. 普遍性。普遍性是我们的表中所包含的问题和建议的一个重要特征。来看这些问题:未知量是什么?已知数据是什么?条件是什么?这些问题是普遍适用的,我们可以在研究各种各样的题目时问这些问题并取得良好的效果。它们的使用并不局限于任何论题。我们的题目可以是代数的或几何的,数学的或非数学的,理论的或实际的,一个严肃的题目或只是一个谜语;这一切都没有什么区别,这些问题都是有意义的并且可能帮助我们解题。

事实上有一个**限制**,但它与论题无关。该表中的某些问题和建议仅适用于"求解题",而不适用于"证明题"。如果我们有一个属于后一类型的题目,则必须使用不同的问题;见**求解题、证明题**。

4. 常识。我们表中的问题和建议是具有普遍性的,但除了普遍性以外,它们还是自然的、简单的、明显的,而且来自普通的常识。来看这条建议:观察未知量!并尽量想出一道你所熟悉的具有相同或相似未知量的题目。这一建议劝你去做无论如何应做的事,如果你认真对待你的题目的话,即使没有任何劝告你也会去做的。你饿了吗?你希望得到食品,你就会想起得到食品的一些熟悉的方法来。你有一个几何作图题吗?你希望作一个三角形,你就会想起作三角形的一些熟悉的方法来。你有一个任意类型的题目吗?你希望求某一个未知量,你就会想起求这样一个未知量或是某些相似的未知量的一些熟悉的方法来。如果你这样做的话,你是在严格地遵照我们的表中的建议做。而且你也正在正确的轨道上；这是一个很好的建议，它给你指出了一个能非常频繁地获得成功的步骤。

我们表中的所有问题和建议都是自然的、简单的、明显的，都仅仅是普通的常识；但这些问题和建议是用很普通的词语来叙述普通的常识。它们建议某种处理方法，该方法对于任何认真对待他的题目而且有一些常识的人而言是自然的。但按正确方法做的人通常并不注意用清楚的语言来表达他的做法，他也可能没有能力那么表达；而我们的表则试图这样来表达。

5. 教师和学生，模仿和实践。 当教师向他的学生提出表中的一个问题或建议时，教师心中可能有两个目的：第一，帮助学生解手上的题目；第二，提高学生的能力，使他将来能自己解题。

经验表明，恰当运用我们表中的问题和建议往往能给学生以帮助。这些问题和建议有两个共同的特征：常识性和普遍性。因为它们源于普通的常识，所以常常显得很自然，学生自己也可能想得出。因为它们的普遍性，所以它们的帮助是不显眼的，它们只是指出一般的方向而留出足够多的工作让学生自己去做。

然而我们前面提到的两个目的是密切关联的。如果学生成功地解决了手上的题目，那么他解题的能力就有了一点提高。这时，我们不应忘记我们的问题是具有普遍性的，对于很多情况都适用。如果同一个问题不断地对学生有所帮助，那么他很难会不注意到这一点，而且这将引导他在相似的情形下自己提出这一问题。反复提出这个问题，也许有一次他就会成功地得出正确的概念。由于这一成功，他发现了使用这一问题的正确方法，于是他已经真正地消化这一问题了。

学生可能对我们表中的一些问题吸收得很好，以致最终能够在恰当的时刻向自己提出恰当的问题，并且自然而活跃地进行相应的思维活动。这样的学生无疑已经从我们的表中获得了最大的益处。为了能得到这一最佳的可能结果，教师可以做些什么呢？

解题是一种实践性的技能，好比说就像游泳一样。我们是通过模仿和实践来学会任何一种实践性技能的。在学游泳时，你模仿别人的做法，用手和脚的动作来保持头部位于水面之上，最后你通过操练游泳学会了游泳。在学习解题时，你必须观察和模仿别人在解题时的做法，最后你通过解题学会了解题。

想要提高学生的解题能力的教师，必须逐渐地培养学生思维里对题目的兴趣，并且给他们足够的机会去模仿和实践。如果教师希望培养他的学生进行与我们的表中的问题和建议相应的思维活动，他应尽可能多地、自然而然地向学生提出那些问题和建议。此外，当教师在课堂上解一个题目时，他应当对他的思路稍加渲染，而且向自己提出那些他在帮助学生时使用的同样一些问题。受益于这样的引导，学生最终将发现这些问题和建议的正确用法。而且通过这样去做，学生将学到一些比任何具体的数学知识更重要的东西。

主要部分，主要问题

6. 四个阶段。在尝试找到解法时，我们可能会不断改变我们的观点，即观察问题的方法。我们不得不一次又一次地变换我们的位置。当我们开始解题时，我们对题目的概念有可能会相当不完整；当我们取得一些进展后，我们的看法就不同了；当我们几乎得到题目的解答时，我们的观点又会有所不同。

为了把我们的表中的那些问题和建议方便地归类和汇集在一起，我们将把我们的工作分为四个阶段。第一，我们必须*理解*该题目；我们必须清楚地看到所要求的是什么。第二，我们必须了解各个项目是如何相关的，未知量和数据之间有什么关系，以得到解题的思路，*拟订一个方案*。第三，我们*执行*我们的*方案*。第四，我们*回顾*所完成的解答，检查和讨论它。

这些阶段中的每一个都有其重要性。可能会发生这样的情况，某个学生想出了一个异常优秀的解题思路，可以跳过所有的准备步骤而一下子得到了该题目的解答。当然，有如此幸运的想法那是最好不过的，但如果学生忽略了四个阶段中的任一个而没有一个好的想法，就会发生一些令人失望的不幸的事。如果学生还没有*理解*题目，就着手计算和作图，那就可能发生最糟的事了。在还没有看清主要的联系或拟订方案前就投身到具体的细节中去通常是无用的。在执行方案的过程中，如果学生检查每一个步骤，就能避开很多错误。如果学生不去重新检查或再一次考虑所完成的解答，可能会失去某些最好的效果。

7. 理解题目。对你所不理解的问题做出答复是愚蠢的。为你所不希望的目标工作是悲哀的。这种愚蠢和悲哀的事情在学校内外经常发生，但是教师应该努力防止在他的班级内发生这类事情。学生应该理解题目。然而他不仅应该理解题目，他还应该希望得到其解答。如果学生缺乏对题目的理解和兴趣，这并不总是他的错；题目应该精心挑选，不能太难也不能太简单，要自然而且有趣味，并且有时应该可以自然而又有趣味地进行表述。

首先，必须理解该题目的语言陈述。教师在一定程度上能对此进行检查；他请学生复述该陈述，而学生应该能够流畅地阐述该题目。学生还应该能指出题目的主要部分，即未知量、已知数据以及条件。因此，教师千万不能错过这样一些问题：*未知量是什么？已知数据是什么？条件是什么？*

学生应该专心地、反复地并且从各个方面来考虑题目的主要部分。如果一幅图与该题目有关，他应*画一张图*并在图上标明未知量和已知数据。如果必须给那些对象以名称，他就应该*引入适当的符号*；为了尽力注意适当地选择一些符号，他不得不去考虑那些要选择符号的对象。在这个准备阶段，倘若我们不期望有一个确切的解，而仅是一个暂定的解、一种猜测，那么另外一个问题也许有用：*条件有可能满足吗？*

（在第二部分的阐述中[第33页]*，“理解题目”被分为下述两个阶段：“熟悉题目”和“深入理解题目”。）

8. 例子。让我们用例子来说明前述部分中所讲解的几点内容。我们举下列简单的题目：*已知长方体的长、宽和高，求它的对角线长度。*

为了使讨论得益，学生必须熟悉勾股定理，及其在平面几何里的一些应用，而学生可能对立体几何几乎没有系统的知识。教师可以在这里依

* 中译本里为第27页。——译者

靠学生对空间关系的简单了解。

教师可以通过让该题目具体化而使之有趣味。教室是一个尺寸能被测定和估算的长方体，学生们必须求出，或“间接地测定”教室的对角线长度。教师指出教室的长、宽和高，并用手势表明其对角线，通过不断地提及教室而使他画在黑板上的图形更有生气。

教师和学生之间的对话可以像下面这样开始：

“未知量是什么？”

“这个长方体的对角线的长度。”

“已知数据是什么？”

“此长方体的长、宽和高。”

“引入适当的符号。用哪个字母表示未知量？”

“x。”

“你选哪些字母来表示长、宽和高？”

“a、b、c。”

“联系 a、b、c 与 x 的条件是什么？”

“x 是长为 a、宽为 b 和高为 c 的长方体的对角线长度。”

“这是一个合理的题目吗？我的意思是，条件是否足以确定未知量？”

“是的。如果我们已知 a、b、c，我们就知道了长方体，如果长方体被确定，其对角线也就被确定了。”

9. 拟订方案。当我们知道，或者至少大体上清楚，为了求解未知量我们必须做哪些计算或要作哪些图时，我们就有了一个方案。从理解题目到构思一个解题方案也许是漫长而曲折的过程。事实上，解答一个题目的主要成就在于构思一个解题方案的思路。这个思路可能是逐渐形成的。或者，在明显不成功的试验和一段时期的犹豫不决之后，会刹那间闪现出一个“好主意”。教师能为学生所做的最好的事情是通过不显眼的帮助，引导学生自己获得一个好的思路。我们下面要讨论的问题和建议希望能唤起这样一个好的思路。

为了能够了解学生的状况，教师应该认真地回顾自己的经历，回顾自己在解答题目时遇到的各种困难和取得的各种成功。

我们当然知道，如果我们只有关于该主题的很少知识，要产生一个好的思路是困难的；而如果我们没有任何知识，那就完全不可能产生。好的思路来源于过去的经验和以前获得的知识。仅仅是记忆并不足以产生一个好的思路，但不回顾一些有关的事例，我们也不可能产生一个好的思路；仅有材料不足以盖一幢房屋，但不收集必需的材料就盖不了一幢房屋。求解某个数学题目所需要的材料是我们以前所获得的数学知识中某些与之有关的内容，比如以前求解过的某些题目或以前证明过的某些定理。因此，从下列问题开始工作常常是合适的：你知道一道与它有关的题目吗？

这里的困难在于通常有太多的题目与我们当前的题目有某些相关，即与其有一些共同点。我们怎样从中选出一个或几个确实有用的题目？有一个提议能使我们确切地指出一个必不可少的共同点来：观察未知量！并尽量想出一道你所熟悉的具有相同或相似未知量的题目。

如果我们成功地回想起一个以前求解过的与我们当前题目紧密相关的题目，我们就很幸运。我们应该争取这样的幸运；通过努力我们能获得这样的幸运。这里有一道题目和你的题目有关而且以前解过。你能利用它吗？

很好地理解和认真地考虑前面的一些问题常常有助于激发出一系列正确的思路；但这并不总是有效的，并不是魔力无限的。如果无效，我们必须仔细考虑某些其他更适当的联系点，并且探测我们题目的各个方面；我们不得不变化、转换和修改该题目。你能重新叙述这道题目吗？我们的表中的某些问题暗示了改变题目的一些特殊方法，例如普遍化、特殊化、使用类比、放弃一部分条件等等；这些方法的具体细节是重要的，但是我们现在对此不作深入讨论。题目的变化可以引出一些适当的辅助题目：如果你不能解所提的题目，先尝试去解某道有关的题目。

在试图应用各种已知的题目或定理，考虑各种修改，以及用各种辅助题目进行试验时，我们可能会与我们最初的题目偏离如此之远，以至于有完全丧失最初题目的危险。然而，这里有一个可以把我们带回到最初题目的好问题：你用到所有的已知数据了吗？你用到全部的条件了吗？

10. 例子。让我们回到在第8节所考虑的例子上来。我们只是说到，学生们刚刚成功地理解了题目的意思，并对它表现出了一点兴趣。现在他们也许有了自己的一些念头，一些初步的想法。如果教师在经过敏锐的观察后，并没有发现学生已产生了这些初步想法的任何迹象，他就必须仔细地重新开始与学生们对话。他必须做好准备，对那些学生们不能回答的问题要进行修改并重新提出。他还必须做好准备的是，遭受学生们常常会表现出的那种令人困窘的沉默(下面将用……来表示)。

“你们知道一道与它有关的题目吗？”

……

“观察未知量！你们是否知道有哪一道题目和这一题目有相同的未知量？”

……

“那么，未知量是什么？”

“长方体的对角线。”

“你们知道有什么题目和这一题目有相同的未知量吗？”

“不知道，我们从来没碰到过关于长方体的对角线的题目。”

“你们知道有什么题目和这一题目有相似的未知量吗？”

……

“你们看，对角线是一条线段，是一条直线的一部分。难道你们从未做过未知量是一条线段长度的题目吗？”

“我们当然做过这样的题目。比如说求一个直角三角形的一条边。”

“很好！这里有一道题目和你们的题目有关而且以前解过。你们能利用它吗？”

……

“非常幸运的是，你们能想起一道与你们现在要解的题目有关，并且你们以前曾经解答过的题目。你们想要在这里应用它吗？为了有可能应用它，你们是否应该引入某个辅助元素？”

……

“往这儿看，你们所记得的题目是关于一个三角形的。在你们现在的

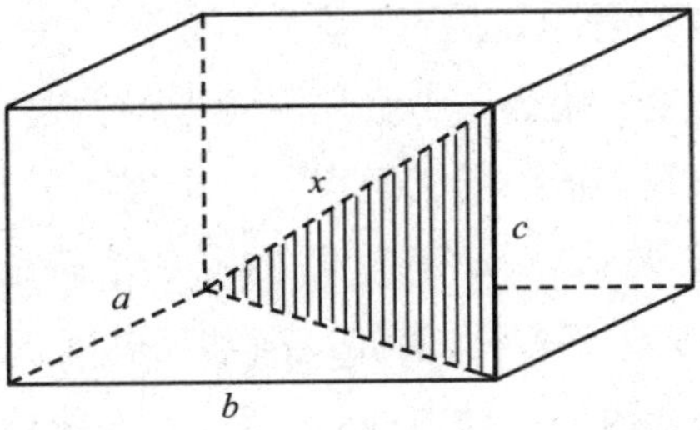

图1

图形里有没有三角形呢？”

我们得指望，最后这个暗示已经足够明确，以至于能使学生产生一个解题的思路，也就是说要引入一个直角三角形（在图1中用阴影强调指出）；在这个三角形中要求的对角线就是其斜边。然而，教师仍应该对下列情况有所准备，就连如此明确的暗示，仍不足以使学生们茅塞顿开，那么他就必须准备好采用一整套越来越明显的暗示。

“你们是否希望在这题的图中有一个三角形呢？”

“在这个图中，你们希望有一个什么样的三角形呢？”

“你们还不能求出对角线，但你们说过能够求出三角形的一条边。那么，现在你们该做什么呢？”

“如果这里的对角线同时又是一个三角形的一条边的话，那么你们能把它求出来吗？”

最后，学生们在或多或少的帮助下，成功地引入了具有决定性的辅助元素，即图1中用阴影强调表示的那个直角三角形。这时，教师还必须首先使自己确信学生对该题已经有了足够深的理解后，才能鼓励他们着手进行实际的计算。

“我认为在图中把那个三角形画出来是一个很好的主意。你们现在有了一个三角形，但是你们有没有找到未知量呢？”

“未知量就是这个三角形的斜边，我们可以用勾股定理把它计算出来。”

“如果两条直角边都是已知的，你们是会计算的，但是它们是否已知呢？”

"其中一条直角边是给定的,就是 c 。至于另外一条,我想也不难求出。对了,这条直角边又是另一个直角三角形的斜边。"

"太棒了！现在我知道你们已经有了一个方案了。"

11. 执行方案。要拟订一个方案,构思一个解题的想法,并不很容易。要取得成功需要许多东西,诸如以前学到的知识、良好的思维习惯、目标集中,此外还需要另外一样东西:好运气。而执行一个方案就要容易得多了。我们所需要的主要就是耐心。

解题方案给出了一个总体的框架,我们必须使自己确信细节都符合这个框架,所以我们不得不耐心地逐个检查所有细节,直到每一点都非常清晰,不再有任何可能会隐藏着错误的含糊之处。

假如学生确实已经构思了一个方案,教师现在就会有一段相对清闲的时间了。现在主要的危险在于学生忘记了自己的方案。如果他是从外界获得这个方案,在教师的影响下采纳了这个方案,那么这种情况是会很容易发生的。而如果他是完全依靠自己,哪怕是在某些帮助下依靠自己拟订方案,并且满意地构思出最终的想法,他就不会很容易地忘记自己的方案。所以教师必须坚持让学生检查每一个步骤。

我们可以用"直觉的"或"形式的"证明来确认我们的推理中每一步的正确性:我们可以集中注意力于有疑问的关键点,直到我们将其弄得清楚明白,从而对每一个步骤的正确性毫无怀疑;或者我们可以根据形式上的规则来推导出有疑问的关键点。(在许多重要的情况下,"洞察"和"形式证明"之间的区别已经很明显了。关于它们的更进一步的讨论就留给哲学家们去进行吧。)

主要的一点是,我们应使学生真正确信每一步的正确性。在某些情况下,教师可以强调"看出"和"证明"之间的区别:你能清楚地看出这个步骤是正确的吗?但是你又能证明这个步骤是正确的吗?

12. 例子。我们来继续讨论第10节中没有讲完的那个例子。学生终于有了解题的思路。他发现了一个直角三角形,这个直角三角形的斜边就是要求的未知量 x,它的一条直角边是已知的高度 c,另一条边是长方体一个面上的对角线。也许必须激励学生引入其他合适的符号。他应该引入y来标记另一条直角边,也就是长方体一个面上的对角线,这个面的两边长分别为a和b。这样,在引入了另一个求未知量y的辅助题目后,他解题的思路就更清晰了。最后,在先后对两个直角三角形分别进行计算后,他可以得到(见图1):

$$x^2 = y^2 + c^2,$$

$$y^2 = a^2 + b^2。$$

然后,消去辅助的未知量y,得到

$$x^2 = a^2 + b^2 + c^2,$$

$$x = \sqrt{a^2 + b^2 + c^2}。$$

如果学生能正确地执行每一个步骤,那么教师就没有任何理由去打断学生,除非是在可能的情况下提醒学生应检查每一个步骤。那么,教师可以这样问:

"你能明显看出以x、y、c为三边的这个三角形是一个直角三角形吗?

对于这个问题,学生可能会诚实地回答:"能。"但是如果教师对学生的这种出自于直觉的确信不能满意,并继续问下面这样的问题时,学生就可能会感到很窘迫:

"但是你能证明这个三角形是一个直角三角形吗?"

因此,教师还是应该宁可先不提出这一个问题,除非整个班级都对立体几何有了一个较好的基本知识。即使在后面这种情况下,仍然存在着一些危险:回答一个附带性的问题可能会成为大多数学生的主要困难。

13. 回顾。即便是相当优秀的学生,在得到了题目的解答,并将整个论证简洁地写下来以后,就会合上书,去找别的事做。他们这样的做法,遗漏了解题中一个重要而且有益的阶段。通过回顾完整的答案,重新斟酌、审查结果及导致结果的途径,他们能够巩固知识,并培养他们的解题能力。一个好的教师必须理解这些,并使他的学生深刻地认识到:没有任何一个题目是彻底完成了的。总还会有些事情可以做;在经过充分的研究和洞察以后,我们可以将任何解题方法加以改进;而且无论如何,我们总可以深化我们对答案的理解。

现在学生已经执行了他的方案。他写出了解答,检查了每一个步骤。那么,他就有充分的理由相信他的解答是正确的。尽管如此,错误总是有可能存在的,尤其是当论证冗长且复杂时更是这样。因此,需要进行验证。如果存在着一些快捷而直观的步骤可用于检验结果或论证时,尤其不应该忽视它。你能检验这个结果吗?你能检验这个论证吗?

为了确信某个物体的存在或其品质,我们常常喜欢去看它、触摸它。正如我们更倾向于通过两种感觉器官来感知,同样我们也更倾向于通过两个不同的证明来使我们确信:你能以不同的方式推导这个结果吗?我们当然更希望有一种快捷直观的论证而不是一种冗长笨重的方法:你能一眼就看出它来吗?

教师的首要职责之一是不能给学生下列印象:数学题相互之间几乎没有什么联系,与其他事物也根本毫无联系。当我们回顾一个题目的解答时,我们自然有机会来考察这个题目与其他事物之间的相互联系。如果学生们确实作出了努力,并且意识到自己已经干得不错的话,他们将会发现回顾解答过程实在很有意思。接着他们会急于想知道,他们在这样的努力下还能获得什么,以及下次怎样才能做得同样出色。教师应鼓励学生想象一些情况,在其中他们可以再次利用这些使用过的解题程序,或者已经获得的解答。你能在别的什么题目中利用这个结果或这种方法吗?

14. 例子。在第12节中,最后学生们得出了解答:假设长方体从一个顶点出发的三条边长分别为a、b、c,那么它的对角线长为

$$\sqrt{a^2+b^2+c^2}\text{。}$$

你能检验这个结果吗?教师不能期望那些没有经验的学生能对这个问题给出一个很好的解答。然而,学生应该很早就有这样的体会,“用文字”表述的题目比纯粹用数字表述的题目有更多的优点;如果一个题目是“用文字”表述的,它的结果将很容易接受多种检验,而一个用数字表述的题目就不那么行了。我们的例子虽然相当简单,但也已经足以说明这一点。教师可以问好几个有关结果的问题,对于这些问题,学生也许很容易回答“是”;但是如果有一个答案是“否”,这就说明结果中存在着严重的缺陷。

“你用到所有的已知数据了吗？所有三个已知量a、b、c都在你的对角线公式中出现了吗？”

“在我们的题目中，长、宽、高起了相同的作用。我们的题目对于a、b、c都是对称的。你得到的对角线的表达式对于a、b、c来说都对称吗？假如a、b、c互换，表达式是否保持不变？”

“我们的题目是一个立体几何题目：求一个三边a、b、c都给定的长方体的对角线长。这个题目和一道平面几何题目相似：求一个两边a、b都给定的长方形的对角线长。我们的‘立体’几何题目的解答与我们的‘平面’几何题目的解答是否相似？”

“假如高c缩短，直至最后消失，那么长方体就变成了一个长方形。如果你在你的对角线公式中令$c=0$，你是不是就得到了求长方形对角线的正确公式了呢？”

“如果高c增加，对角线也将变长。你的公式是否也表明了这一点？”

“如果长方体的三个量度a、b、c都等比例地增长，那么对角线也将以与此相同的比例增长。假如在你的公式中分别以$12a$、$12b$、$12c$来代替a、b、c，对角线长的表达式相应地也应乘以12，是不是这样？”

“如果a、b、c是以英尺为计量单位，那么你的公式给出的对角线长计量单位也应是英尺，但是如果你把所有计量单位都改为英寸，公式仍应成立。是这样吗？”

（最后的这两个问题实质上是一致的，见**量纲检验**。）

这些问题能产生几个好的效果。首先，这个公式通过了这么多检验，一个聪明的学生不可能不对这个事实留下印象。由于他是细心地得出这个公式的，因此他先前就对这个公式的正确性相当肯定。而现在，他就更加肯定了，而他这种自信的增强是由另一种途径获得的，它得益于一种“实验性证据”。而且，由于前面这些问题，公式在细节上又获得了新的意义，并与各方面的事实发生了联系。这个公式由此而更加容易记忆，学生的知识也由此更加巩固了。最后，这些问题可以很容易转化到相似的一些题目中去。在几次遇到相似的题目以后，一个聪明的学生也许会察觉出潜藏在其中的一些普遍的方法：使用所有相关的数据、改变数据、利用对称性、利用类比。如果他养成了将注意力集中于这些要点的习惯,他解题的能力无疑将得到提高。

你能检验这个论证吗? 在一些难度较大而且重要的例子中,重新一步一步地检验论证也许是很必要的。通常,只要选出那些"棘手的"点来重新检验就够了。在本例中,对于在获得答案前不适合讨论的问题,现在重新回过来讨论就更可取了:你能证明以x、y、c为三边的这个三角形是一个直角三角形吗?(见第12节末。)

你能在别的什么题目中利用这个结果或这种方法吗? 给一点鼓励,再加上一两个例子以后,学生就很容易找到应用,这些应用实质上就是对题目中抽象的数学元素作出某种具体的解释。当教师把班级里的同学讨论有关长方体的题目时就座的教室作为例子时,教师自己就是应用了这样一种具体的解释。作为应用,一个笨拙的学生也许不再计算教室的对角线,而提出去计算食堂的对角线。如果学生自己提不出更富想象力的建议,教师自己可以提出一道稍有不同的题目,比如说:"给定长方体的长、宽和高,求长方体的中心到一个顶点的距离。"

学生们也许会应用他们刚刚做过的这道题目的*结果*,注意到所求的距离就是他们刚刚计算过的对角线的一半。也可能他们会应用这种解题的*方法*,引入一些合适的直角三角形。(在本例中选择后面这种方法并不那么显而易见,甚至多少有点笨拙。)

在这一应用以后,教师可以讨论长方体的四条对角线的构形以及六个棱锥体。这六个棱锥体以长方形的六个面为底,长方体的中心为共同的顶点,对角线的一半为其侧棱。当学生们的几何想象力被充分激发起来以后,教师就应回到他的问题上来:*你能在别的什么题目中利用这个结果或这种方法吗?* 现在学生们将更有机会找到一些比较有趣的具体的解释,下面就是一例:

"建筑物的长方形屋顶长21码*,宽16码,要在其中心竖立一根8码高的旗杆。我们需要四根等长的缆绳来固定这根旗杆。这四根缆绳必须从旗杆顶端以下2码处的同一点出发,另一端系在建筑物屋顶的四个角

* 1码=0.9144米。——译者

上。求每一条缆绳有多长。”

学生们也许会应用他们详细求解过的那道题目的方法，在垂直的平面上引入一个直角三角形，在水平的平面上引入另一个。他们也可能会应用刚才那个结果，假设有一个长方体，它的对角线x就是其中的一条缆绳，它的三条棱长为：

$$a = 10.5,\ b = 8,\ c = 6。$$

直接应用对角线公式，可得：$x = 14.5$。

更多的例子见**你能应用这个结果吗?**

15. 不同的方法。让我们再来讨论一下前面的第8、10、12、14节已经讨论过的题目。主要的任务，即拟订方案，已经在第10节叙述过了。我们注意到，教师可能采用不同的方法来进行这一过程。从第10节的同一点开始，他本来可以遵循一条略有不同的路线，而提出以下的问题：

“你知道一道与它有关的题目吗?”

“你知道一个与此类似的题目吗?”

“你看，要求的是一道立体几何的题目，你能想到一个与此类似但更为简单的平面几何题目吗?”

“你看，眼前的题目是关于一个空间图形的，涉及一个长方体的对角线。与此相类似的一道关于平面图形的题目是什么？它应该涉及一个什么的对角线——”

“长方形。”

即使学生们十分迟钝，而且对此不感兴趣，以前也从来没有能够做任何推测，最后他们至少也会想出一点点思路来。此外，如果学生如此迟钝，为了使学生们做好准备，教师在讨论关于平行四边形的类似题目以前，就不应提出目前的关于平行六面体的题目。那么，他可以提出下列问题继续讨论下去：

“这里有一道题目和你们的题目有关而且以前解过，你们能利用它吗?”

“为了有可能应用它，你们是否应该引入某个辅助元素?”

最后，教师也许会成功地激发学生获得一个他所希望的解题思路。

这包括将给定的长方体的对角线看作一个合适的平行四边形的对角线，这个平行四边形必须引入我们的图形（作为通过长方体两条对边的平面与长方体相交的截面）。这种解题思路和前面（第10节）所述的思路实质上是相同的，但方法却不同。在第10节中，与学生可利用的现有知识发生的联系是通过未知量来实现的。一道以前解过的题目能被回忆起来是因为它和要解的题目有相同的未知量。而在本节中，相似性提供了与解题思路的联系。

16. 教师提问的方法。在前面的第8、10、12、14、15各节中所展示的提问方法基本上是：从我们的表中的一个普遍的问题或建议开始，然后在必要的时候，逐渐深入到更加特殊和具体的问题或建议，直至能在学生思维中引出一个有反应的问题。如果你必须帮助学生开发思路，可能的话，就重新从表中所列的一个普遍的问题或建议开始，然后必要时再次转入某个更加特殊的问题，以此类推。

当然，我们的表只是一张这种类型的基本表格，看来对于大部分简单的情况，这已经足够了，但是毫无疑问，它可以被完善。不过，最重要的是，我们一开始所提出的建议必须是简单的、自然的和普适的，同时单子也应当简短。

建议必须简单和自然，因为不然的话，它们就不可能不露痕迹了。

如果要使这些建议有助于发展学生的能力而不只是某一特殊技能的话，那么建议必须是普适的，不仅适用于当前的题目，也要适用于任何一种类型的题目。

单子必须简短，从而使问题有可能自然地、在各种不同的环境中常常重复，那么它们就有机会最后被学生消化吸收，从而有助于形成良好的思维习惯。

为了能使学生尽可能有最大的工作量，逐渐地深入到一些特殊的建议中去也是必要的。

这种提问的方式并不是僵化的。幸而是这样，因为在这些问题中，任何僵化的、机械的、迂腐的步骤必然是不利的。我们的方法允许一定程度的通融性和可变性，允许采取不同的方法（见第15节），我们的方法可以也必须如此加以使用，以使得教师所提出的问题正是学生自己原本应想到的。

如果读者想在自己的班级中尝试这里所建议的方法，当然应该小心地执行。应该仔细地研究第8节中提出的例子，以及接着在第18、19、20节中提出的那些例子。对于那些打算讨论的例子，应该仔细地准备，也要考虑各种不同的方法。开始时应该先进行少量的试验，从而逐渐找出应如何把握这种方法，学生如何对待这种方法，以及需要花多少时间。

17. 好问题与坏问题。如果能很好地理解前面这一节所系统阐述的提问的方法，就能通过比较来判断某些问题的好坏，这些问题也许是为了帮助学生们而提出的。

让我们回到第10节开头所列举的情况中来，当时我们所问的问题是：你们知道一道与它有关的题目吗？从帮助学生的最良好的愿望出发，我们也许会代之以另外一个问题：你们能使用勾股定理吗？

意愿也许是最良好的，但这个问题大概是最糟糕的。我们必须认识到是在什么情况下提出这个问题的；然后我们就会发现针对这种“帮助”有一大堆的反对意见。

(1) 如果学生已经接近于问题的解答，那么他也许会理解这个问题所给出的暗示；但如果不是这样，他很可能根本看不到这个问题所要指向的要点，那么这个问题就无法在他最需要帮助的地方给他帮助。

(2) 如果学生理解了问题的暗示，所有的奥秘都被揭开了，几乎没什么可留给学生做的了。

(3) 这个建议在本质上太特殊了。即使学生能应用它来解决手头的这个题目，但对以后会碰到的题目他们根本没有学到什么。这个问题没有启发性。

(4) 即使学生理解了这个建议，他也很难明白教师如何获得提出这样一个问题的思路。那么，学生自己又怎能提出这样的问题呢？这就像从一顶帽子里抓出一只兔子的戏法一样令人感到意外；它根本不具有什么启发性。

对于我们在第10节或者第15节中所阐明的那些步骤而言，就摆不出上述那些反对意见了。

进一步的例子

18. 一道作图题。在一个给定的三角形中求作一个内接正方形，正方形两个顶点应在三角形的底边上，而另两个顶点分别在三角形的另外两条边上。

"未知量是什么？"

"一个正方形。"

"已知数据是什么？"

"一个给定的三角形，没有别的了。"

"条件是什么？"

"正方形的四个顶点必须在三角形的周边上，两个顶点在底边上，另外两个顶点分别在另两条边上。"

"条件有可能满足吗？"

"我想是的。但我还不太有把握。"

"看起来你并不认为这道题目太简单。如果你不能解所提的题目，先尝试去解某道有关的题目，你能满足部分条件吗？"

"你说的部分条件是什么意思？"

"你看，给出的条件涉及正方形的所有顶点，总共有几个顶点呢？"

"四个。"

"部分条件就是指涉及少于四个的顶点。只保留条件的一部分，而丢掉其他部分。条件中的哪一部分容易满足？"

"画出一个有两个顶点在三角形周边上的正方形很容易，或者，甚至三个顶点在三角形周边上也可以。"

"画一张图！"

学生画出了图2所示的图形。

"你只保留条件的一部分，而丢掉其他部分。那么未知量可以确定到什么程度？"

"如果只有三个顶点在三角形周边上的话，正方形还没有确定下来。"

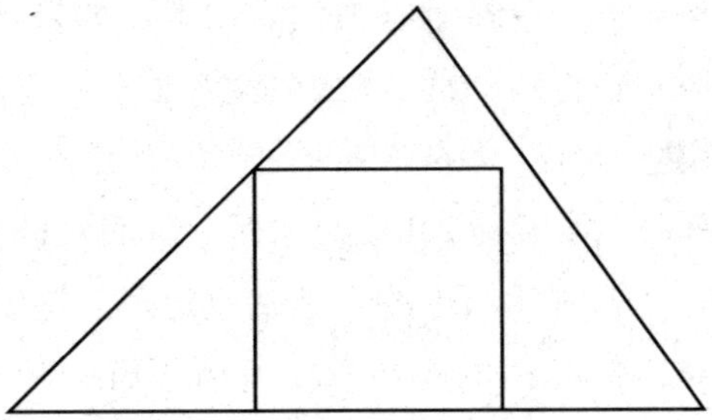

图2

“很好！再画一张图。”

学生画出了图3所示的图形。

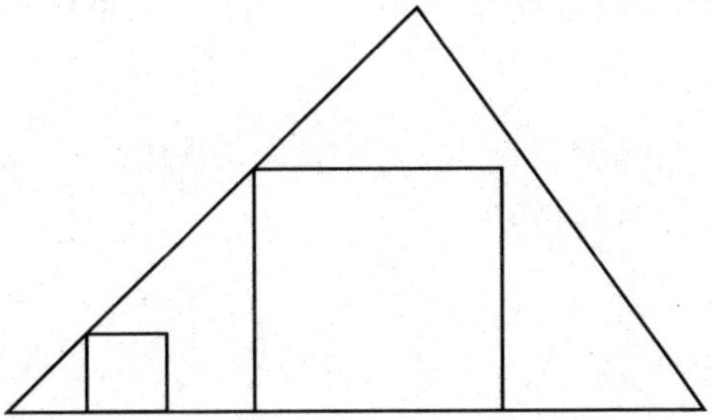

图3

“正如你所说，根据你所保留的部分条件，正方形还不能确定下来，它能怎样变化？”

……

“你的正方形已经有三个顶点在三角形的周边上了，但第四个顶点还不在它应该在的地方。正如你所说，你的正方形还没有确定下来，它会变化，第四个顶点也是如此，它能怎样变化？”

……

“如果你想的话，可以试验一下。再多画几个有三个顶点在三角形周边上的正方形，就像刚才已经画在图上的两个正方形那样。画一些比较大的正方形和一些比较小的，看得出第四个顶点的轨迹是怎样的吗？它能怎样变化？”

教师已经带领学生十分接近答案的思路了。如果学生能够推测出第四个顶点的轨迹是一条直线的话,那么他就有了解题思路了。

19. 一道证明题。两个角在不同的平面上,其中一个角的两条边分别平行于另一个角的相应两边,且方向相同。证明这两个角相等。

我们要证明的是立体几何中的一条基本定理。这道题目可以向那些熟悉平面几何并对立体几何的少数事实有所了解的学生提出,这些少数的事实构成了在欧几里得《几何原本》中目前这个定理的预备知识(我们所陈述的并马上要证明的这个定理即欧几里得著作第11卷中的命题10)。正如"证明题"和"求解题"相对应,我们不仅将表中所列的问题和建议,而且将那些与它们相对应的问题和建议都用斜体印出*。(关于这种对应性,我们将在**求解题、证明题**的第5、6点中加以系统阐述。)

"题设是什么?"

"两个角位于不同的平面上,其中任一个角的两边分别和另一个角的相应两边平行,且方向一致。"

"结论是什么?"

"这两个角相等。"

"画一张图。引入适当的符号。"

学生画出如图4所示的一些线条,并在教师或多或少的帮助下选择

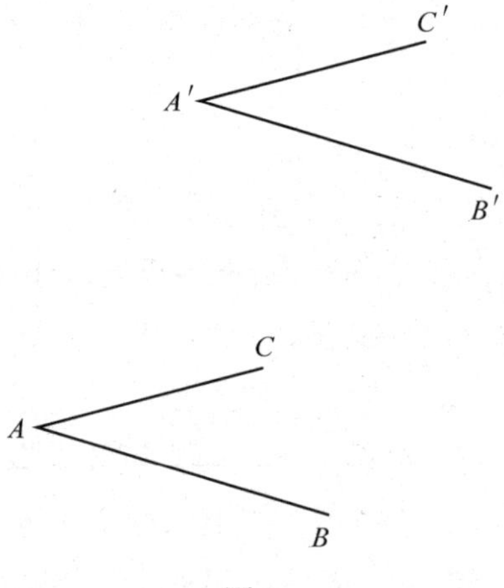

图4

* 中译本里用楷体表示。——译者

图4中所示的字母来标记这些线条。

“题设是什么？请用你引入的符号来表述。”

“A、B、C和A'、B'、C'不在同一平面上，且$AB /\!/ A'B'$，$AC /\!/ A'C'$，AB和$A'B'$方向相同，AC和$A'C'$方向相同。”

“结论是什么？”

“$\angle BAC=\angle B'A'C'$。”

“观察这个结论！并尽量想出一条你所熟悉的具有相同或相似结论的定理。”

“如果两个三角形全等，则对应角相等。”

“很好！现在有一条定理和你要证明的定理有关，而且以前曾经证明过，你能应用它吗？”

“我想可以，但我还不很清楚怎么做。”

“为了有可能应用它，你是否应该引入某个辅助元素？”

……

“好，你引用得非常好的那个定理是关于三角形，关于一对全等三角形的。现在你的图形中有三角形吗？”

“没有，但是我可以引入几个三角形，我把B和C联结起来，把B'和C'联结起来，那么图中就有两个三角形了，即$\triangle ABC$和$\triangle A'B'C'$（见图5）。”

“干得好！但是这些三角形有什么用呢？”

“用来证明结论，即$\angle BAC=\angle B'A'C'$。”

“很好！要证明它，你需要什么样的三角形？”

“全等三角形。当然，我可以选择B、C、B'、C'，使得

$$AB=A'B',\ AC=A'C'。”$$

“非常好！现在你希望证明什么？”

“我希望证明这两个三角形全等，

$$\triangle ABC\cong\triangle A'B'C'。$$

如果能证明这一点，我马上就可以得到所要的结论$\angle BAC=\angle B'A'C'$。”

“好！你有了一个新目标，这个目标指向一个新的结论。观察这个结论！并尽量想出一条你所熟悉的具有相同或相似结论的定理。”

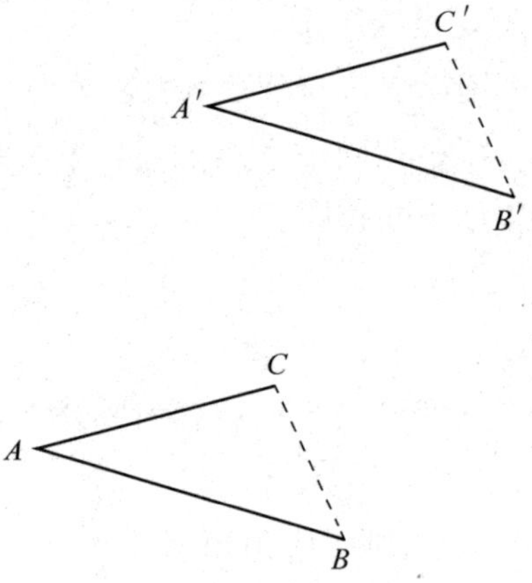

图5

“如果,如果一个三角形的三条边分别与另一个三角形对应的三条边都相等,那么这两个三角形全等。”

“干得好!你本来有可能会选出一条比较差的定理。现在这儿有一条定理和你目前要证的定理有关,而且以前曾经证明过,你能利用它吗?”

“如果我知道$BC=B'C'$的话,我就能利用它。”

“很正确!那么现在你的目的是什么?”

“证明$BC=B'C'$。”

“尽量想出一条你所熟悉的具有相同或相似结论的定理。”

“是的,我记得有一条定理,它的结尾是:‘……那么两线段相等。’但是这条定理在这里不适用。”

“为了有可能应用它,你是否应该引入某个辅助元素?”

……

“你看,如果图中BC和$B'C'$之间没有什么联系的话,你怎么能证明$BC=B'C'$呢?”

……

“你有没有用到题设?题设是什么?”

“我们假设$AB\parallel A'B'$,$AC\parallel A'C'$,是的,我当然必须使用这些。”

“你用到全部的题设了吗?你说$AB\parallel A'B'$,关于这些线段,你所知道的就只有这些吗？”

“不止这些，根据作图，AB还和$A'B'$相等，它们相互平行且相等。AC和$A'C'$也是这样。”

“两条等长的平行线——这是一种很有趣的构形。你以前见过它吗？”

“当然看到过！是的，平行四边形！让我联结A和A'，B和B'，C和C'。”

“这个主意不错。现在你的图形中有几个平行四边形？”

“两个，不，三个。不，两个。我的意思是其中有两个，你可以立即证明它们是平行四边形，还有一个看上去像是平行四边形。我希望能够证明它也是平行四边形，那么整个证明就完成了！”

从这个学生前面所作的那些回答，我们已可推测出他很聪明，但是他的最后一个回答却使我们确信无疑了。

这个学生能猜出一个数学结论，并且能清楚地区分证明和猜测。他也知道，猜测多少也有一定的可信度。他确确实实从他的数学课中得益了；他获得了一些实际的解题经验，他能够构思和使用一个好的解题思路。

20. 一道速率题。水以速率r流入一个圆锥形容器。该容器的形状是一个正圆锥，底面水平，顶点向下，底面半径为a，锥高为b。求水深为y时水面上升的速率。最后，假设$a = 4$英尺*，$b = 3$英尺，$r = 2$英尺^3/分，$y = 1$英尺，求出未知量的数值（见图6）。

我们假定学生知道最简单的微分法则和“变化率”的概念。

“已知数据是什么？”

“圆锥底面半径$a = 4$英尺，圆锥高$b = 3$英尺，水流入容器的速率为$r = 2$英尺^3/分，在某一时刻水深$y = 1$英尺。”

“很正确。根据题目的叙述看来，你应该先暂时忽略这些数值，而用字母表达，以a、b、r、y来表示出未知数，而只在得到未知数的字母表达式以后，最终再代入数值。我们听从这一建议。现在，未知量是什么？”

* 1英尺=0.3048米。——译者

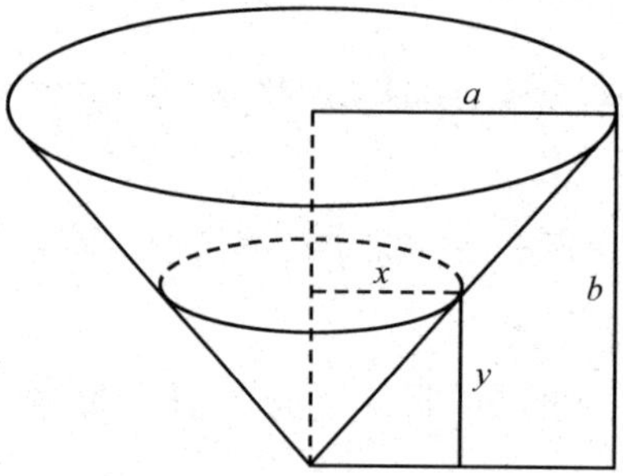

图6

“当水深为y时，水面上升的速率。”

“这是什么意思？你能用别的方式来表述吗？”

“水的深度增加的速率。”

“这表示什么？你还能以不同的方式叙述它吗？”

“水深的变化率。”

“对了，就是y的变化率。但是变化率又是什么呢？回到定义上去。”

“导数是一个函数的变化率。”

“对了。现在，y是一个函数吗？正如我们前面所说的，我们暂时不管y的数值。你能设想y的值有改变吗？”

“是的，y，即水的深度，它随时间而增大。”

“那么，y是什么的函数？”

“时间t的函数。”

“好，引入适当的符号。你怎样用数学符号来表示‘y的变化率’呢？”

“$\frac{dy}{dt}$。”

“好，这就是你要求的未知量。你必须用a、b、r、y把它表示出来。顺便问一下，这些数据中有一个表示‘速率’，是哪一个？”

“r表示水流入容器的速率。”

“这是什么意思？你能用别的方式来表述吗？”

“r是容器中水的体积的变化率。”

“这又表示什么，你还能以不同的方式叙述它吗？你怎样用适当的符号把它写出来呢?”

“$r=\frac{dV}{dt}$ 。”

“V是什么?”

“在时刻t时容器中水的体积。”

“好。那么,你必须用a、b、$\frac{dV}{dt}$ 、y把 $\frac{dy}{dt}$ 表示出来,你将怎么去做呢?”

……

“如果你不能解所提的题目,先尝试去解某道有关的题目。如果你还看不出 $\frac{dy}{dt}$ 和已知量之间的关系,先尝试引入某种比较简单的联系来当垫脚石。”

……

“你仍然看不出还有什么别的联系吗? 比如说,y和V是彼此独立的吗?”

“不。如果y增加,则V也必定增加。”

“这样,就有一个联系了。这种联系是什么?”

“喔,V是一个高为y的圆锥的体积。但我还不知道这个圆锥底面的半径。”

“不管怎样,你可以考虑它。给它一个名字,比如说x。”

“$V=\frac{\pi x^2 y}{3}$ 。”

“对了。现在x又是什么呢,它相对于y是独立的吗?”

“不是的。若水深y增加,则自由表面的半径x也增加。”

“那么,这里又有一个联系了。联系是什么呢?”

“当然,是相似三角形,

$$x:y=a:b。”$$

“你看,还有一种联系。我可不想错过由它带来的好处。别忘了,你想要知道的是V和y之间的联系。”

"我现在有了

$$x=\frac{ay}{b},$$

$$V=\frac{\pi a^2 y^3}{3b^2}。"$$

"很好,这看上去是一块垫脚石,不是吗?不过你可不能忘记你的目标,未知量是什么?"

"喔,$\frac{dy}{dt}$。"

"你必须找到$\frac{dy}{dt}$、$\frac{dV}{dt}$和其他量之间的联系。现在你有了y、V和其他各量之间的联系,接下来做什么?"

"当然是微分!

$$\frac{dV}{dt}=\frac{\pi a^2 y^2}{b^2}\frac{dy}{dt},$$

结果有了!"

"好!那么它的数值是什么呢?"

"若$a=4$, $b=3$, $\frac{dV}{dt}=r=2$, $y=1$,则

$$2=\frac{\pi\times 16\times 1}{9}\frac{dy}{dt}。"$$

第二部分　怎样解题

一段对话

熟悉题目

我应该从哪里开始？从题目的叙述开始。

我能做什么？尽可能清晰、生动地使整个题目形象化。暂时抛开细节。

这样做我能得到什么呢？你应该理解题目、熟悉题目，将目标印入脑海。对题目投入注意力，可能也会激发你的记忆，并为重新回忆起相关的一些问题作好准备。

深入理解题目

我应该从哪里开始？仍然从题目的叙述开始。当你对题目的叙述已经很清楚，并在脑海里留下深刻的印象，以至于即使你有一会儿不去看它也不会担心把它全部忘掉时，就可以开始了。

我能做什么？将题目的主要部分分离出来。前提和结论是一个“证明题”的主要部分；未知量、已知量和条件是一个“求解题”的主要部分。仔细阅读题目的各主要部分，一个接一个地依次对它们进行考虑，将它们以不同的方式组合起来加以考虑,把每个细节同其他一些细节以及每个问题同整个题目联系起来。

这样做我能得到什么呢?你应该准备好并弄清楚那些以后很可能会起作用的细节。

寻求有用的思路

我应该从哪里开始?从考虑题目的主要部分开始。由于你前面所做的工作,当题目的那些主要部分已经清楚地整理好,同时都想明白了,而且你的记忆也活跃起来时,你就可以开始了。

我能做什么?你要从不同的方面来考虑题目,并且寻找与你过去所获知识之间的联系。

从不同的方面来考虑题目。强调不同的部分,考察不同的细节,从不同的途径反复考察同一细节,以不同的方式组合这些细节,从不同的角度来处理它们。尝试在每一个细节中发现新的意义,在整体中发现新的解释。

寻找与你过去所获知识之间的联系。试着想想过去在类似情况下是什么帮助了你。试着在你考察的过程中认出一些你熟悉的东西,试着在你认清的东西中发现一些有用的东西。

我能想到什么?一个有用的念头,也许是一个决定性的念头,它能在一瞥之间就为你指出通向最终目的的途径。

怎样才是一个有用的念头?它为你指示整个或部分的途径,它或多或少清晰地建议你该如何继续。念头多少是完整的。只要你有任何一个念头,就很幸运了。

如何处理一个不完整的念头?你应该考虑它。如果它看上去很有利,你就应该考虑得更久一些;如果它看上去很可靠,你就应该弄清楚它能引导你到多远,并重新考虑整个情况。由于这个有用的念头,整个情况已经发生了变化。从不同的方面来重新考虑新的情况,并寻找与你过去所获知识之间的联系。

再次这样做,我又能得到什么呢?你也许会很幸运,产生另外一个念头。也许你的另外一个念头会引导你马上获得解答。也可能在这个念头以后，你还需要更多有用的念头。有些念头也有可能会把你引入歧途。不管怎么说，你还是应该感谢所有这些新念头，不管是次要的、模糊的，还是对模糊的念头增加一些精确性或尝试纠正的补充念头。甚至如果你一时之间还想不出明显有些新意的念头，只要你对题目的概念有一个更完整、更有条理、更和谐或更平衡的看法，你就应该对此表示感激了。

执 行 方 案

我应该从哪里开始？从引导你获得解答的那个幸运的念头开始。当你已肯定地掌握了主要联系，并自信你能补充一些可能需要的次要细节时，你就可以开始了。

我能做什么？使你掌握的东西十分牢固。尽可能详细进行你想起的以前可行的所有代数或几何运算。以形式推理或直观的洞察，或者可能的话，同时采用这两种方式来确定每一步的正确性。如果你的题目十分复杂，你可以区分出“大”的步骤和“小”的步骤，而每一个大的步骤中又包含好几个小步骤，先检查大步骤，再依次深入到一些小的步骤中去。

这样做我能得到什么呢？一个对解答的展开，其中每一步无疑都是正确的。

回 顾

我应该从哪里开始？从你的解答开始，它的每一个细节都应该是完整而正确的。

我能做什么？从不同的方面考虑你的解答，并寻找与你过去所获知识之间的联系。

考虑解答的各个细节，并尽可能使它们显得简单；考察解答中那些比较冗长的部分并尽可能使它们简短些；试着一眼就能看出整个解答。对你的解答中或大或小的各部分进行改进，尝试改进你的整个解答，使它直观，并且尽可能自然地把它纳入你过去所获的知识之中。仔细检查引导你获得解答的方法，注意找出它的要点，并在其他题目中尝试应用它。仔细检查你的结论,并尝试应用于别的题目。

这样做我能得到什么呢?你也许能找到一个更好的新解答,找出新的有趣的事实。无论如何,如果你养成了以这种方式回顾和仔细检查你的解答的习惯,你将会获得一些条理分明、随时可以使用的知识,并且将会提高你的解题能力。

第三部分　探索法小词典

类　比
(*Analogy*)

类比是一种相似性。相似的物体在某些方面彼此一致,而类似的物体则在它们相应部分的特定关系上相一致。

1. 一个长方形和一个长方体具有类似性。事实上,长方形各边之间的关系同长方体各面之间的关系类似:

长方形的每一条边只与另外一条边平行,而垂直于其他边。

长方体的每一个面只与另外一个面平行,而垂直于其他面。

让我们约定把边称为长方形的"边界元素",把面称为长方体的"边界元素"。那么,我们就可以将前面的两项表述简写为一条对两种图形都适用的叙述:

每一个边界元素只与另一边界元素平行,而垂直于其他的边界元素。

这样,我们就把进行比较的矩形的边和长方体的面这两个对象所共同具有的某些特定关系表述出来了。这些体系的类比就存在于这种关系的共性之中。

2. 类比渗透于我们所有的思想、我们每天讲的话和我们作出的琐碎的结论乃至艺术的表达方法和最高的科学成就。类比在各种不同的层次上得到应用。人们常常使用含糊的、模棱两可的、不完整的或不完全清楚的类比,但是类比可以达到数学精度的水平。各种类型的类比都能在发现解答的活动中起到一定的作用,因此,我们不应忽视其中的任何一种。

3. 在尝试去解一道题目时,如果我们能成功地想到一道更为简单的类比题目,那么可以说我们是幸运的。在第一部分第15节中,我们原来的题目是关于一个长方体的对角线的,而考虑到的更为简单的类比题目则是关于一个矩形的对角线的,这引导我们获得了原题的解答。我们再来讨论这样的一个例子。求解下面这道题目:

找出一个均匀四面体的重心。

在不懂积分知识,且对物理学不甚了解的情况下,这道题目确实不简单。在阿基米德(Archimedes)时代或者伽利略(Galileo)时代,这是一个重大的科学问题。因此,如果我们想尽可能只用很少的初等知识就解决它,我们就必须尽力寻找一个更为简单的类比题目。在这里很自然会想到平面几何中的一道相应的题目:

找出一个均匀三角形的重心。

现在我们就有了两个题目而不只是一个,但是两个题目也许比只有一个题目要容易解答——假如能把这两个题目巧妙地联系起来的话。

4. 先暂时把我们原来那个关于四面体的题目搁在一边,而把注意力集中在那个和三角形有关的更为简单的类比题目上。为了解这个题目,我们必须先具备一些有关重心的知识。下面这一原理听来似乎很可信,把它提出来也很自然:

假如一个物质系统包括几个部分,而每一部分的重心都在同一平面上,则整个系统S的重心也必在此平面上。

这个原理给出了我们在三角形这个例子中所需要的所有东西。首先,它说明三角形的重心必在此三角形所在的平面上;其次,我们可以把这个三角形看作由细条(薄片,"无限窄的"平行四边形)组成,这些细条都平行于三角形的某一边(图7中的边AB)。很明显,每一个细条的重心都是其中点,而且所有这些中点都在三角形顶点C到AB边中点M的连线上(见图7)。

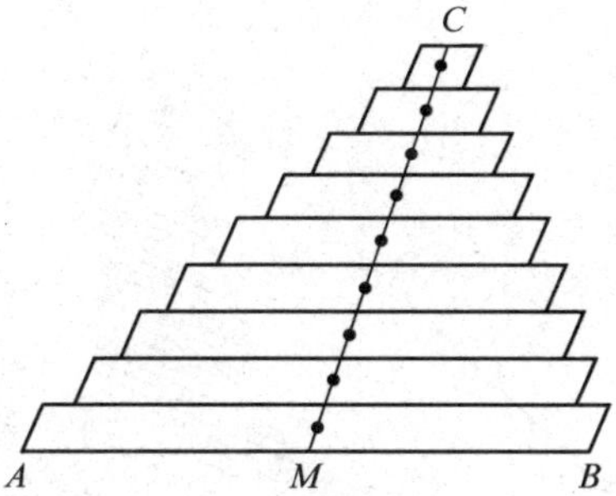

图7

任何一个通过三角形中线 CM 的平面都包含了所有这些组成此三角形的平行细条的重心，由此引导我们作出结论：整个三角形的重心也必在此中线上。不过它也必定在三角形的另两条中线上，它必定就是这三条中线共同的交点。

现在值得一做的是，用纯几何的方法而不依赖于任何力学上的假设来证明，三角形的三条中线交于一点。

5. 在解决了三角形的问题以后，四面体的问题也就相当简单了。现在我们已经解决了一道和我们要解的题目类似的题目，并且在解了这道题目以后，我们就有了一个可遵循的范例。

在现在我们作为范例的那道类比题目的求解中，我们把三角形 ABC 想象成是由平行于三角形一边 AB 的细条组成的。现在，我们把四面体 $ABCD$ 也想象成是由平行于四面体一边 AB 的细条组成的。

组成三角形的所有细条的中心点都在一直线上，即此三角形的联结 AB 中点 M 和对顶点 C 的那条中线。组成四面体的所有细条中心点则都在一平面上，即由四面体一边 AB 中点 M 和其对边 CD 所组成的平面（见图8），我们可以把这个平面 MCD 称作四面体的中面。

在三角形的例子中，我们有 MC 等三条中线，其中每一条中线都包含了三角形的重心。因此，这三条中线必交于一点，这一点必然就是三角形的重心。在四面体的例子中，我们有 MCD 等六个中面，即将某一边的中点和其对边联结起来获得的平面，其中每一个中面都包含了四面体的重

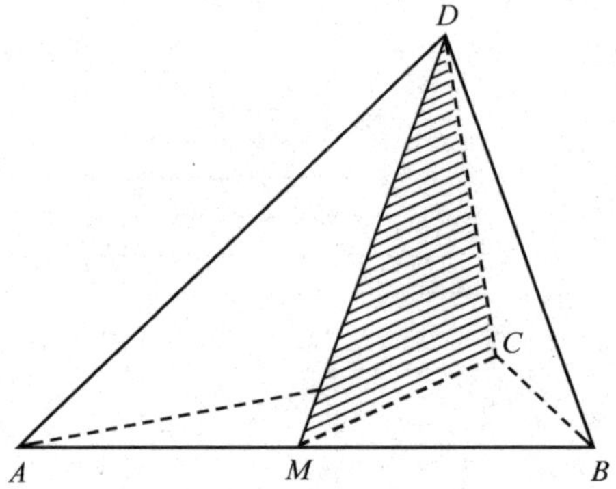

图8

心。因此,这六个中面必交于一点,它就是四面体的重心。

6. 这样,我们就解决了均匀四面体重心的题目。为了使我们的解答完整,现在用纯几何的方法而不依赖于力学上的考虑来证明这六个中面通过同一点是值得一做的。

在解决了均匀三角形重心的题目以后,我们发现为了使解答完整,需要证明三角形三条中线通过同一点。这个题目和前面的题目类似,但显然要简单一些。

在解四面体的这一题目中,我们可以再次应用关于三角形的那个更为简单的类比题目(假设这个题目已经解决了)。实际上,考虑通过从顶点D出发的DA、DB、DC三边的三个中面,每一个中面都通过对边的中点(如过DC的中面通过点M,见图8)。现在,这三个中面和$\triangle ABC$所在的平面分别交于此三角形的三条中线,这三条中线交于同一点(这是那道更为简单的类比题目的结论),而这一点同D点一样,是三个中面的公共点。联结这两个公共点的直线即这三个中面的公共线。

我们证明了六个中面中通过顶点D的这三个面具有一条公共线。这对于通过顶点A的三个中面也必成立,对通过顶点B的三个中面亦复如此,同样如此的还有通过顶点C的三个中面。把这些事实适当地联系起来,我们就可以证明这六个中面有一个公共点。(通过$\triangle ABC$三边的三个中面决定了一个公共点,而它们的三条截线也通过这个公共点。现在,根据我们刚才所证明过的，必有另外一个中面通过每一条截线。）

7. 在第5点和第6点中，我们都应用了关于三角形的那道比较简单的类比题目，来解决关于四面体的题目，然而这两种情况在一个重要的方面有所不同。在第5点中，我们逐点模仿一道比较简单的类比题目的解答方法。在第6点中，我们应用一道较简单的类比题目的结果，而并不在意这个结果是怎么来的。有时候，我们也许可以对一道较简单的类比题目既利用其方法，又利用其结果。如果我们把第5点和第6点看作是解答同一个题目的两个部分，那么甚至前面的这个例子也能说明这一点。

我们的例子是典型的。在解决一道提出的题目时，我们可以经常应用一道较简单的类比题目的解答，我们既可利用其方法，也可利用其结果，或者两者同时采用。当然，在一些更费力的例子中，也许会出现在本例中尚未出现的复杂情况。当那个类比题目的解答不能直接用在当前的题目里时尤其会发生这样的情况。那时在重新考虑它的解答时，就值得对其进行变化和修改，并且尝试各种不同形式的解答，直到最后找到可推广到原来题目的那种形式的解答。

8. 我们希望能预见到答案，或者以一定程度的真实性至少预见到答案的一些特性。这种真实可信的预见常常是建立在类比的基础上的。

这样，我们可能知道，均匀三角形的重心同时也是它的三个顶点的重心（也就是说，把质量相同的三个质点放置在三角形三个顶点上）。知道了这个，我们就可以推测出，均匀四面体的重心和它四个顶点的重心重合。

这种推测是一种"类比推断"。在知道了三角形和四面体在许多方面具有相似性以后，我们就可以推测出它们还有另一个方面的相似性。绝对相信这种推测的真实性可能是不明智的，但绝对不相信它的真实性也同样是不明智的，也许会更愚蠢。

看起来类比推断是最普遍的推论方法，也许也是最重要的一种。它提供了多少具有一定可信度的推测，这些推测也许可以用经验或更严密的推理加以验证，也可能不行。药学家在动物身上做实验来预测这些药物对人会产生的影响，通过类比来得出结论。然而我所认识的一个小男孩也是这样干的，他的宠物狗得送到兽医那儿去治疗，于是他问道：

“兽医是干什么的？”

“是动物的医生。”

“动物的医生是哪一种动物？”

9. 由许多相似的例子进行类比所得出的结论要比由少数例子得到的结论有力。然而，在这里质量比数量重要得多。明确的类比比模糊的相似分量更重，有系统地安排的例子比随便收集起来的例子更有价值。

在前文（第8点中）我们提出了关于四面体重心的一个推测。这个推测是由类比得出的，四面体的情况和三角形中的情况是类似的。我们可以通过再检验另一个类似的例子来强化这个推测，这是一个关于一根均匀杆（即一段密度均匀的直线段）的例子。

线段　　三角形　　四面体

以上三者之间有许多方面类似。线段在一直线上，三角形在一个平面内，四面体则在空间中。直的线段是最简单的一维有界图形，三角形是最简单的多边形，四面体是最简单的多面体。

线段具有2个零维的边界元素（2个端点），而它的内部是一维的。

三角形具有3个零维边界元素和3个一维边界元素（3个顶点和3条边），而它的内部是二维的。

四面体具有4个零维边界元素、6个一维边界元素和4个二维边界元素（4个顶点、6条边和4个面），而它的内部是三维的。

这些数字可以汇编在一张表中。相连各列分别表示零维、一维、二维和三维元素的个数，相连各行则分别表示对应于线段、三角形和四面体的数目：

2	1		
3	3	1	
4	6	4	1

只需要稍微有一点二项式展开的知识，你就能认出这是帕斯卡三角形*的一部分。我们找出了线段、三角形和四面体中一个值得注意的规律。

* 即杨辉三角形。——译者

10. 如果我们已经感觉到我们所比较的对象之间是密切联系着的，像下面这样的“类比推断”也许就会对我们有一定的重要性了。

均匀杆的重心与其两个端点的重心重合。均匀三角形的重心与其三个顶点的重心重合。难道我们不应该猜测均匀四面体的重心与其四个顶点的重心重合吗?

还有，均匀杆的重心将杆两端之间的距离分为长度比为1∶1的两段。均匀三角形的重心将任何一个顶点和其对边中点之间的距离分成2∶1的两段。难道我们不应该猜测一个均匀四面体的重心会把任何一个顶点和其相对的面的重心之间的距离分成3∶1的两段吗?

看上去非常不可能，由这些问题所提出的推测竟会是错的，一个如此完美的规律竟会被破坏。和谐而简单的秩序不可能是骗人的，这种感觉在数学或者其他学科中都指引着做出发现的人。有一句拉丁格言表达了这一点：*simplex sigillum veri*（简单性是真理的标志）。

[上面所说的启示人们可以把它扩展至n维的情况。对于头三个维数，即$n=1,2,3$时是正确的东西，当n取更高的值时，其正确性看起来也不太可能会终止。这种推测是一种“归纳推断”，它说明归纳自然地建立在类比的基础之上。参见**归纳与数学归纳**。]

[11. 我们以简单考虑一下通过类比来实现数学概念的精确性的一些最重要的情况来结束本节。

（Ⅰ）两个数学对象系统S和S'联系得十分紧密，支配S中各对象之间的规则也同时支配着S'中各对象。

S和S'之间的这种类比关系可用我们在第1点中讨论的内容来引证，只要将S看作一个矩形的各边，将S'看作一个长方体的各个面。

（Ⅱ）在两个系统S和S'中的各个对象之间存在着一种保持某种关系的一一对应。也就是说，如果在一个系统中的各对象之间存在着一种关系，那么在另一系统中与其相对应的对象之间也必存在此种关系。两个系统之间这样的一种联系则是一种非常精确的类比，称之为同构(或称为全同构)。

(Ⅲ) 在两个系统S和S'中的各个对象之间还存在着一种保持某种关

系的一对多的对应。这样的一种联系(这在高等数学研究的各分支之中是很重要的,尤其是在群论中,这里不详细讨论)称为欠缺的同构(或同态,相仿映射也许是个更好的术语)。欠缺的同构也可以看作另一类十分精确的类比。]

辅助元素

(*Auxiliary elements*)

当我们的解题工作进行到末尾时,我们对题目的想法会比开始时要多得多(见**进展与成绩**,1)。随着我们工作的进展,我们向原先的想法中注入新的元素。旨在促进求解而引入的元素称为辅助元素。

1. 有各种各样的辅助元素。在解一道几何题时,我们可能会在我们的图中引入一些新的线条,即辅助线;在解一个代数题时,我们也许会引入一个辅助未知量(见**辅助题目**,1)。我们希望通过一条定理的证明促进对原题的解答,这条定理就称为辅助定理。

2. 有各种理由来引入辅助元素。当我们顺利想起一道和我们的题目有关,而且以前解过的题目时,我们会很高兴。可能我们能应用这样一个题目,但是却不知道怎样来应用它。比如说,我们现在试图要解的题目是一道几何题,我们顺利想起来的那个以前解过的相关题目是关于三角形的。然而在现在的图形里并没有三角形;为了尽可能利用我们想到的这个题目,我们必须有一个三角形。所以,我们必须通过在现在的图形中添加一些适当的辅助线来引入一个。一般说来,想到了一个以前曾经解过的相关题目,并且希望能在目前的题目中应用它,我们常常要问:为了有可能应用它,我们是否应该引入某个辅助元素?(第一部分第10节中的例子是典型的。)

回到定义上去,我们会发现另外一个引入辅助元素的机会。例如,为了阐明一个圆的定义,我们不仅应该提到它的圆心和半径,同时也应该将这些几何元素添加到我们的图形中,如果不引入这些元素,我们就不可能对这个定义有任何具体的应用。叙述一个定义而不作图,那么它只能停留在嘴皮子上。

尽可能利用那些已知的结论和回到定义上去,是引入辅助元素的一些最好的理由,然而它们还不是仅有的理由。为了使题目的概念更完整、更具有启发性、更为人熟悉,我们可以引入一些辅助元素,尽管我们几乎还不明确知道如何才能利用这些添加的元素。我们也许只是觉得添加这样或那样的元素对于理解这个题目来说是个“好主意”。

我们可能有这样那样的理由去引入一个辅助元素，但是我们总得有理由。不能随心所欲地引入辅助元素。

3. 例子。已知三角形的一个角、从这个给定角的顶点向对边所作的高及该三角形周长。求作这个三角形。

我们引入适当的符号；用α表示已知的角，h表示从α的顶点A向对边所作的给定高，p表示周长。我们画一张图，在上面很容易标出α和h。我们用到所有的已知数据了吗？没有，我们的图形中还未包括给定长度p，它等于三角形周长。因此我们必须引入p。但是怎样引入呢？

我们可以用不同的方式来尝试引入p。图9、图10表示的这些尝试看上去很笨拙。如果我们试图弄清为什么它们看上去如此令人不满意，就会发现这是因为它们缺乏对称性。

事实上，这个三角形具有三条未知的边a、b、c。我们根据惯例，称A的对边为a，我们知道

$$a + b + c = p。$$

现在，边b和c起的作用是相同的，它们可以互换，我们的题目对于b和c来说是对称的。但是在前面的图9、图10中，b和c没有起到相同的作用。放上了长度p，我们对b和c的处理就不同了。图9和图10破坏了题目对于b和c的自然对称性。我们放置p时应该使它和b与c有相同的

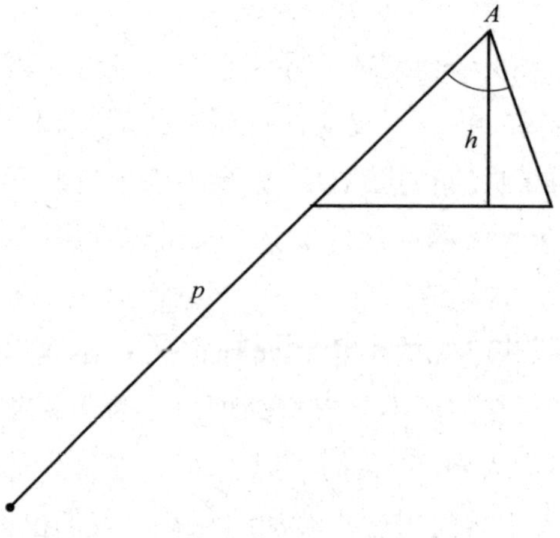

图9

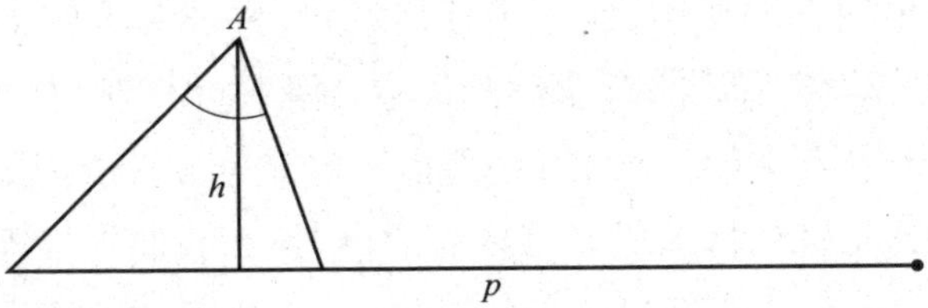

图10

关系。

上面的考虑也许有助于提示我们如图11中那样来放置p。我们在三角形的边a的一头延长长度为b的线段CE,在另一头延长长度为c的线段BD,这样p就作为线段ED出现在图11中,它的长度为

$$b+a+c=p。$$

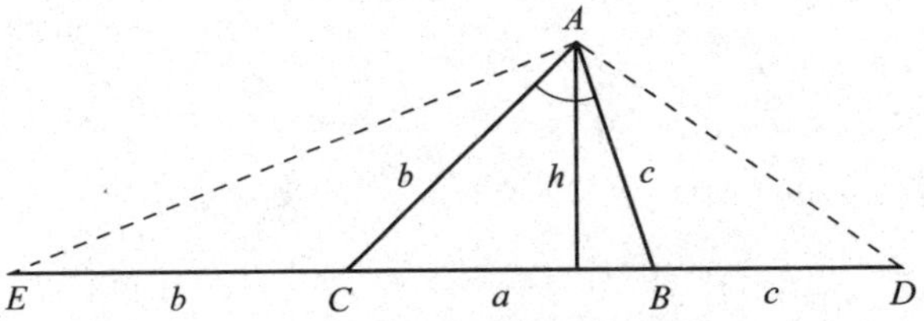

图11

如果我们对于解作图题有一点经验,就不应忘记在图中引入ED的时候,同时引入辅助线AD和AE,它们分别都是一个等腰三角形的底边。事实上,在题目中引入像等腰三角形这样特别简单又熟悉的元素是很合理的。

到现在为止,我们在引入辅助线方面一直非常幸运。通过观察这个新的图形,我们也许就会发现$\angle EAD$和已知的角α之间有一种简单的联系。事实上,我们应用两个等腰三角形$\triangle ABD$和$\triangle ACE$后可知$\angle DAE=\frac{\alpha}{2}+90°$。注意到这一点后,很自然就会想到构造$\triangle DAE$,构建了此三角形,我们就引入了一个辅助题目,这个题目比原题要简单得多。

4. 教师们和教科书的作者们不应忘记一点:聪明的学生和**聪明的读者**不会满足于只验证推理的各步骤都是正确的,他们也想知道各个不同步骤的动机和目标。引入辅助元素是引人注目的一步。如果一条巧妙的辅助线陡然出现在图形中，看不出任何动机，并能令人惊讶地解决了题目，那么聪明的学生和读者就会感到失望，他们觉得受骗上当了。数学的趣味性就在于它需要我们推理和创造能力的充分发挥。但如果最为引人注目的步骤其动机和目的仍不可理解的话，那么我们在推理和创造方面就学不到任何东西。要通过适当的说明（正如前面，在第3点中所做的那样）或通过精心选择一些题目和提示（正如在第一部分第10、18、19、20节中所做的那样），使得这样的步骤可以理解，就需要花费大量的时间和精力，但这是值得的。

辅助题目
(*Auxiliary problem*)

辅助题目是这样的一种题目,我们考虑它并非为了它本身,而是因为我们希望对它的考虑可能有助于我们解决另一道题目,即我们原来的题目。这道原题才是我们要达到的目的,而这道辅助题目则是我们试图达到目的的一种手段。

一只飞虫试图通过一块窗玻璃逃出屋子,它试了又试,却不去尝试一下旁边那扇它由此飞进来的开着的窗子。人能够或至少应该能够做得更聪明一点。人的优越之处就在于,在遇到无法直接越过的障碍时他能绕开,当原来的题目看上去无法解决时,他能想出一个适当的辅助题目。想出一道辅助题目是一项重要的思维活动。能够提出一个有助于另一个题目解答的一道明确的新题目,能够清楚地将达到另一个目标的手段设想为一个新目标,这是一种智力上的卓越成就。学习(或讲授)如何能聪明地处理辅助题目是一项重要的任务。

1. 例子。求满足下列方程的x值:

$$x^4-13x^2+36=0。$$

如果我们注意到$x^4=(x^2)^2$,我们也许就会发现引入

$$y=x^2$$

的好处。这样我们就有了一个新的题目:求满足下列方程的y值:

$$y^2-13y+36=0。$$

这个新问题是一个辅助题目。我们打算将这个题目作为解决原题的一个途径。辅助题目中的未知量y自当称作*辅助未知量*。

2. 例子。已知长方体由一顶点引出的三条棱长,求这个长方体的对角线长。

在试图解决这道题目(第一部分第8节)时,通过类比(第一部分第15节),我们也许会被引导到另一道题目上:已知矩形由一顶点引出的两条边长,求这个矩形的对角线长。

这道新的题目是一道辅助题目,我们希望通过考虑它,而能从中获得

对解决原题有利的东西。

3. *好处*。我们通过考虑辅助题目而获得的好处可能各种各样。我们可以应用辅助题目的*结果*。于是，在例1中，解得关于y的二次方程的根为y等于4或9以后，我们可推断出$x^2=4$或$x^2=9$，并由此可得到x所有可能的值。在另一种情况下，我们可以应用辅助题目的*方法*。于是，在例2中，辅助题目是一道关于平面几何的题目。它和原题类似，但要简单一些，原题是一道立体几何的题目。引入一道这类的辅助题目，期望它具有启发性，并使我们有机会熟悉特定的方法、运算或工具，能在原来的题目中应用它们，这是很合理的。在例2中，辅助题目的选择是相当幸运的，仔细地考虑它以后，我们发现既可以利用其方法，又可以利用其结果（见第一部分第15节，和**你用到所有的已知数据了吗？**）。

4. *风险*。我们离开了原来的题目，而将时间和精力投入到辅助题目中，如果我们对辅助题目的研究失败了，我们投入的时间和精力也就浪费了。因此，我们在选择一道辅助题目时应该加以判断。我们也许会有各种充分的理由来支持我们的选择。辅助题目也许看上去比原题要容易解答，或者看上去更具有启发性，又或者它具有某种美学上的魅力。有时候辅助题目的唯一优点只是它是新的，提供了尚未探测过的可能性。我们选择它只是因为我们对原来的题目厌倦了，看起来所有可能的方法都已经用尽了。

5. *如何去找到它*。发现既定题目的解，常常有赖于发现一个合适的辅助题目的解。令人不快的是，没有一种一贯正确的方法总能找到合适的辅助题目，正如没有一种一贯正确的方法总能找到解答一样。然而，常常会有一些问题和提示是有用的，参见**观察未知量**。通过**变化题目**，我们常常能想到有用的辅助题目。

6. *等价题目*。如果两道题目各自的解都包含了对方的解，这两道题目就是等价的。这样，在例1中，原题和辅助题目等价。

考虑下面的定理：

A. 在任何等边三角形中，每个角都等于60°。

B. 在任何等角三角形中，每个角都等于60°。

这两条定理并不等同。它们包括了不同的概念，一条涉及三角形边的相等，另一条涉及三角形角的相等。但每条定理都可由另一条推出。因此，求证A的题目就和求证B的题目等价了。

如果要求我们证明A，那么引入证明B的题目作为辅助题目无疑有某些好处。定理B的证明要比A稍微容易一点，更重要的是，我们可能会预见到B比A要容易证明，我们也许能判断出这一点，也许从一开始就能发现，说B比A容易证明似乎很可信。实际上，定理B只与角有关，而定理A则既与角有关又与边有关，因此B比A更具"单一性"。

如果原题和辅助题目这两道题目是等价的，则我们把从原题转变到辅助题目的过程称为*可逆约简*，或*双向约简*，或*等价约简*。由此可见，从A到B的约简（见上文）是可逆的，例1中的约简也是如此。在某些方面，可逆约简要比其他引入辅助题目的方式更为重要，也更理想，但是与原题不等价的辅助题目也可能是十分有用的，正如例2所示。

7. *等价辅助题目链*在数学论证中是司空见惯的。要求我们解题目A，我们看不出如何解答，不过也许能发现A和另一道题目B等价。在考虑B时我们可能又会碰到一道题目C和B等价。照这样下去，C又可化为D，以此类推，直到我们最终碰到一道题目L，它的解答是已知的或明显可知的。每一道题目都和前一道等价，于是最后一道题目L也必和原题目A等价，于是我们可以由题目L推出A的解答，而L是辅助题目链的最后一环。

这类题目链早已为希腊数学家所注意，正如我们可以从**帕普斯**一节里的重要段落中看到的。为了说明，让我们重新考虑一下例1，我们称(A)为未知量x要满足的条件：

(A) $$x^4-13x^2+36=0。$$

解决这道题目的方法之一就是将现在的条件转变为另一个条件，我们称之为条件(B)：

(B) $$(2x^2)^2-2(2x^2)\cdot13+144=0。$$

我们观察到条件(A)和(B)是不同的。如果你愿意的话，可以说它们只是稍微有点不同。你很容易使自己相信它们肯定是等价的，但它们无疑并不完全相同。从(A)过渡到(B)的过程不仅是正确的，同时也有一个明确目的，这对任何一个熟悉二次方程解答的人来说都显而易见。沿这一方向继续下去，我们再将条件(B)转换成另一个条件(C)：

(C) $$(2x^2)^2-2(2x^2)\cdot 13+169=25。$$

以这种方式再继续下去，我们得到：

(D) $$(2x^2-13)^2=25,$$

(E) $$2x^2-13=\pm 5,$$

(F) $$x^2=\frac{13\pm 5}{2},$$

(G) $$x=\pm\sqrt{\frac{13\pm 5}{2}},$$

(H) $$x=3, 或-3, 或2, 或-2。$$

每一步约简都是可逆的。因此，最后一个条件(H)和第一个条件(A)是等价的，从而3、-3、2、-2就是我们原题的所有可能的解。

前面我们从原来的一个条件(A)推出一系列条件(B)、(C)、(D)……其中每一个条件都和前一个条件等价。这一点值得我们给予最大的注意。等价的条件都由相同的对象来满足。因此，如果我们由已知的一个条件过渡到和它等价的一个新条件，我们得到的解答是相同的。但是如果我们由已知条件过渡到一个较为狭窄的条件，我们会失去某些解；而如果我们过渡到一个更为宽松的条件，我们会得出不正确的、增加出来的解，这个解和原题没有任何关系。如果在一系列连续的约简中，我们过渡到一个较狭窄的条件，然后又过渡到一个较宽松的条件，我们可能会完全脱离原题的轨道。为了避免这种危险，我们必须仔细检查每一个新引入的条件的特性：它和原来的条件等价吗？如果我们要处理的不是像这样的单个的方程，而是一组方程，或者当条件不是用方程表示，比如说是一道几何作图题时，上面的这个问题就显得更为重要了。

(与**帕普斯**一节作比较，特别是其中的评注2，3，4，8。在第143页，第4行到第21行的描述*受到一个不必要的限制，它描述了一个"求解题"的链，而链上的每一环都有一个不同的未知量。这里考虑的例子正好具有

---

* 中译本见第130页第9~19行。——译者

相反的特性:链上每一环的未知量都是相同的,不同的只是条件的表现形式。当然,这种限制并不是必要的。)

8. 单向约简。我们有两个没有解决的题目,A和B。如果我们能解决A,我们就可由此得到B的完全的解;但反过来却不行,如果我们能解决B,我们也许可以得到关于A的一些信息,但却不能从B的解答中得出A的完全解。在这种情况下,从A的解答中得到的收获要比B的解答大。我们不妨称A为两个题目中*期望大的*,而称B为*期望小的*。

如果我们从所提的题目过渡到一个期望更大的或者一个期望较小的辅助题目,我们就把这一步称为*单向约简*。单向约简有两种,但这两种无论如何都要比双向约简或可逆约简冒更大的风险。

我们的例2就是一种过渡到期望较小的题目的一个单向约简。事实上,如果我们能解答原来那个关于长、宽、高分别是a、b、c的长方体的题目,只要令$c=0$,从而得到一个长、宽分别为a、b的矩形,我们就能转到辅助题目。转向期望更小的单向约简的另一个例子见**特殊化**,3,4,5。这些例子都表明了在某些幸运的情况下,我们可以把一道期望小的辅助题目当作一块*垫脚石*:将这个辅助题目的解答再加上适当的补充说明,就能得到原题的解答。

过渡到期望大的题目的单向约简也可能成功(见**普遍化**,2以及**归纳与数学归纳**,1,2中第一个题目化为第二个题目的例子)。实际上,期望大的题目也许更容易着手,这就是**创造者悖论**。

波尔察诺

(Bernard Bolzano, *1781~1848*)

波尔察诺是逻辑学家和数学家。在他的综合性逻辑学著作《科学理论》(*Wissenschaftslehre*)中,有相当大的篇幅是关于探索法这一主题的(第三卷,第293~575页)。他在著作的这部分中这样写道:“我根本不认为我能在此提出长久以来所有天才的人们都没有发现过的任何研究过程;我也根本不会承诺你能在此找到任何这类很新的东西。但是我所煞费苦心的是要以清晰的文字去表达一些研究的规则和方法,所有有才华的人都遵循这些规则和方法,甚至在大多数情况下他们是不自觉地这样做的。虽然我并不幻想这样做了就能获得完全的成功,但我仍希望这里提出的一孔之见能取悦于某些人,并在今后有所应用。”

出色的念头

(*Bright idea*)

出色的念头或称为"好念头"或"看到了希望",是描述突然向解答跨出了一大步的通俗的表达法(参见**进展与成绩**,6)。出色的念头的出现,对每个人来说都是一种熟悉的经历,但很难描述。所以注意一下像亚里士多德(Aristotle)这么一位古老的权威曾经偶然提到过关于它的一个建议性的叙述,也许会是很有趣的。

大多数人都会同意,想出一个出色的念头是一种"灵感活动"。亚里士多德是这样定义"灵感"的:"灵感是在一段微不足道的时间里,通过猜想而获得事物本质的联系。举例来说,如果你看到一个人在以某种方式和一个富人谈话,你也许立即就会猜想那个人正试图借钱。或者你发现月亮明亮的一边总是向着太阳,你也许会突然想到为什么是这样,那就是因为月亮是靠太阳的光而发亮的。"[1]

第一个例子不坏,只是太浅薄了。在猜测这类关于富人和钱的事情上,并不需要多少灵感,而且这个念头也并不十分出色。而第二个例子则给人以相当深刻的印象,如果你能发挥一点想象力把它放到适当的环境中来看的话。

我们应该意识到,一个与亚里士多德同时代的人如果想知道时间,他就得观察太阳和星星,因为当时没有手表;如果他想晚上旅行,那他就得观察月相,因为当时也没有路灯。他要比现代的城市居民对天空熟悉得多,而且他的天生才智也没有因为报刊上关于天文理论的生搬硬套的零星知识而被蒙蔽。他把满月看作一只扁平的圆盘,和太阳的圆盘相似但远没有太阳明亮。他对于月亮的位置和形状的不断变化一定会感到疑惑。他观测到月亮偶尔也在白天出现,大约是在日出或日落的时候,并发现"月亮明亮的一边总是向着太阳",这本身就是一项可观的成绩。然后他又认识到月亮外观上的变化就好像一个从一边被照亮的球的外观变化,所以一半是亮的,另一半是暗的。于是他意识到,太阳和月亮并不像扁平的圆盘,而是像球体,一个发出光,另一个则接收光。他理解了这种本质的联系,立即就"在一段微不足道的时间里"修正了他先前的概念,突然间就达到一个想象的高峰,产生一个出色的念头,灵光一闪。

你能检验这个结果吗?

(Can you check the result?)

你能检验这个论证吗?对这些问题作出很好的回答,能够加强我们对解答的信任,也有助于巩固我们的知识。

1. 数学题的数值解可以通过把它们与观测得到的数字或者可观测数字在常识上的估计值加以比较来验证。因为出于实际需要或天生的好奇心而提出的那些题目,几乎都是以事实为目标的,所以可以预料人们很少会忽略这种与可观测事实的比较。然而每个教师都知道,学生在这方面会做出难以置信的事来,有的学生会得出船的长度是16 130英尺(约4916千米),或者一个船长的年纪是8岁又2个月,顺便说一句,已经知道他是一位祖父了,对于这样的答案,他也会觉得心安理得。这种对显而易见的事物的忽视并不一定说明他的愚笨,而是更表明了对人为编造的题目颇不在乎罢了。

2. "文字题"比"数字题"更易于接受检验,也更有趣(见第一部分第14节)。作为另一个例子,我们来考虑底面是正方形的一个金字塔形棱台,如果它的下底面边长是a,上底面边长是b,棱台的高是h,我们得出它的体积是:

$$\frac{a^2+ab+b^2}{3}h。$$

我们可以通过**特殊化**来检验这个答案。实际上,如果$b=a$,这个棱台就变成了一个棱柱,公式变成a^2h;而当$b=0$时,这个棱台变成一个棱锥,而公式变成$\frac{a^2h}{3}$。我们也可以应用**量纲检验**来检验。事实上,表达式应该和长度的三次方有相同的量纲。我们还可以通过数据变换来检验公式,如果正的数值a、b或h中的任何一个增大,该表达式的值也必增大。

这类检验不仅可应用于最后结果,也可用于中间过程。它们实在是非常有用,值得我们随时采用,见**变化题目**,4。为了能够应用这样的检验,我们会发现将"数字题"普遍化并改为"文字题"是有好处的,见**普遍化**,3。

3. 你能检验这个论证吗？在一步一步地检验一个论证时，我们应该避免单纯的重复。首先，单纯的重复容易使人厌烦、缺乏启发性、导致注意力涣散。其次，如果情况和上一次相同，我们很可能在犯过错误的地方再错一次。如果我们觉得有必要将整个论证一步一步地再过一遍的话，我们至少应该改变一下这些步骤的次序或组合，来引入一些变化。

4. 挑选出论证中最薄弱的点并首先进行检验，这种做法少费力气，也比较有意思。在挑选出论证中那些值得检验的点时，有一个问题十分有用：你用到所有的已知数据了吗？

5. 很明显，我们的非数学知识不能完全基于形式上的证明。我们日常知识中较为牢固的那部分不断地被我们日常的经历所验证和巩固。在自然科学中，以观察来验证进行得更加系统化。物理科学中的这种验证采取仔细的实验和测量的形式，同时和数学论证相结合。我们的数学知识是否能仅仅基于形式上的证明呢？

这是一个哲学问题，我们不能在这里争论。可以肯定的是，你的、我的、或是你的学生的数学知识都不仅仅基于形式上的证明。如果确实存在任何牢固的知识，它就有一个宽广的实验基础，而这个实验基础通过其结果已经过仔细检验的每一道题目而得到扩展。

你能以不同的方式推导这个结果吗?
(*Can you derive the result differently?*)

当我们最后得到的解答既长又复杂时，我们很自然会怀疑是否还有某个比较简洁而少迂回的解答：*你能以不同的方式推导这个结果吗？你能一眼就看出它来吗？*然而即使我们已经成功地找到了一个满意的解答，我们仍然会对找到另一种解答感兴趣，正如我们希望通过两种不同的知觉来感觉一个物体一样，我们希望通过两种不同的途径使我们确信一个理论结果的有效性。在有了一种证明以后，我们还想找到另一种，就好像我们在看到一个物体以后，还希望能触摸它。

两种证明比一种好。"带两个锚航行更安全。"

1. 例子。已知下底面半径为R，上底面半径为r，高为h。求正圆台的侧面积S。

这道题目可以用各种方式求解。比如我们可能知道圆锥侧面积的公式。由于圆台是从一个圆锥上截去一个小圆锥后形成的，所以它的侧面积就等于两个完整圆锥的侧面积之差，剩下的工作只要把它用R、r、h表示出来。遵照这种想法，我们最后可得到下面的公式：

$$S=\pi(R+r)\sqrt{(R-r)^2+h^2}\text{。}$$

在以这样那样的方法经过冗长的计算得到了这个结果以后，我们可能会希望有一个更为简洁而少迂回的论证。*你能以不同的方式推导这个结果吗？你能一眼就看出它来吗？*

因为希望能直观地看出整个解答，我们可以从观察每一部分的几何意义开始。那么，我们就可以发现

$$\sqrt{(R-r)^2+h^2}$$

是斜高的长度。(斜高是指等腰梯形中不平行的那两条边中的一边，这个等腰梯形绕其两条平行边中点的连线旋转即形成圆台，见图12。)然后，我们又会发现

$$\pi(R+r)=\frac{2\pi R+2\pi r}{2}$$

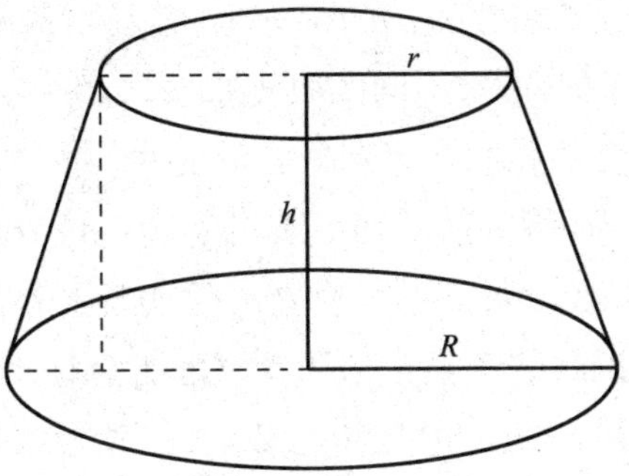

图12

是圆台两个底面周长的算术平均值。看看公式中与此相同的那部分,可能会促使我们把它写成这样的形式:

$$\pi(R+r)=2\pi\frac{R+r}{2}$$

这是圆台中位面的周长。(在这里,我们把一个平行于圆台两底面并平分其高的平面与圆台相交所截获的面称为圆台的中位面。)

在发现了各个部分的新的解释以后,我们就可以用不同的眼光来看待整个公式了。我们可以这样来读它:

面积 = 中位面周长×斜高。

在这里我们可能会想起梯形的面积公式:

面积 = 中位线×高。

(中位线平行于梯形两底并平分梯形的高。)只要直观地看到关于圆台和梯形的两种陈述的类比关系,我们就可以“几乎一眼”就看出整个解答。也就是说,在通过一次冗长的计算以后,现在我们已经非常接近一种简短而且直接的证明了。

2. 前面的那个例子是典型的。由于我们对于得出结果的推导并不是完全满意,我们希望能改进它、改变它。因此我们对结果进行研究,试图对它有更深入的理解,看出它的一些新的方面。我们也许首先会成功地找到关于结果的某一个小部分的一种新解释。然后,如果我们够幸运的话,就能发现理解其他一些部分的新方法。

一个接一个地检查各个不同的部分，并尝试用各种方式来考虑它们，最后可能会引导我们以一种不同的眼光来看待整个结果，而我们关于结果的新概念又可能会使我们联想到另一种证明。

人们也许会认为，所有这一切更有可能在一位有经验的数学家处理一道高等的题目之时发生，而不太会在一位初学者奋战某道基本的题目时发生。有丰富知识的数学家比初学者更可能会有调动太多的知识和引入过于繁复的论证的危险。但是作为补偿，在领会结果中一个细微部分的重新解释，并继续和累积这样的小优势以最终重新改造整个结果方面，有经验的数学家却要比初学者处于更有利的位置。

尽管如此，即使在低年级的班级中，学生们同样有可能提出一种过于复杂的解法，此时，教师就应该至少有一两次不仅要教会学生怎样能更简短地解题，还要指出如何能从答案本身中去找出指向一个更简短解法的线索。

参见**归谬法与间接证明**一节。

你能应用这个结果吗?

(*Can you use the result?*)

用我们自己的方法来得出一道题目的解答是一种创造。如果这个题目并不难,那么这种创造就不很重大,但不管怎样它总还是一种创造。在作出了某种创造以后,不管它是多么微小,我们都不应该忘记自问在其背后是否潜藏了更多的东西,我们不应错过由这种新结果所能开发出的一些可能性,我们应该尝试使用以前曾用过的方法。尽力开拓你的成就!你能在别的什么题目中利用这个结果或这种方法吗?

1. 如果我们对改造一道题目的基本方法如**普遍化**、**特殊化**、**类比**、**分解和重组**等有点熟悉的话,我们就很容易想到一些新的题目。我们从所提的题目开始,用我们刚才所述的方法从中得出另一些题目,又从这些题目中再得出另外一些题目,依此类推。这一过程在理论上是可以无限延续的,但在实践上我们很少能走得很远,因为这样得到的题目很容易变得棘手。

另一方面,应用以前曾解过的一道题目的解法,我们可以构建一些容易解决的新题目,但这些容易的新题目又易于变得无趣。

要找到一道既有趣味性又容易解答的新题目并不容易,我们需要经验、鉴别力及好运气。但当我们成功地解决了一道题目以后,我们仍不应该忘记再寻找更多的好题目。好的题目和某种蘑菇有点相似之处:它们都成串生长。找到了一个以后,我们应该四处看看,很有可能在很近的地方又能找到更多的。

2. 下面我们将通过在第一部分的第8、10、12、14、15节里已经讨论过的同一个例子来说明前面的几个要点。也就是说我们从以下这个例子开始:

已知长方体的三个维度(长、宽、高),求对角线长。

如果知道了这个题目的解答,那么我们就可以轻易地解决下面的任何一个题目(其中的头两道在第一部分的第14节中已经基本上叙述过了)。

已知长方体的三个维度(长、宽、高),求其外接球的半径。

四棱锥的底面是一个长方形,棱锥高的底端在此长方形的中心,已知棱锥的高和底面各边长,求各侧棱之长。

已知空间中两点的直角坐标(x_1,y_1,z_1),(x_2,y_2,z_2),求两点间的距离。

我们轻易地解决了这些题目,因为它们和我们原来已经知道其解答的那道题目几乎没什么区别。在每个例子中,我们在原来的题目中都加入一些新的概念,如外接球、四棱锥、直角坐标系。这些概念很容易添加进去,也很容易去掉,而且在去掉了它们以后,我们就又回到了我们原来的题目上。

前面的这些题目都有一定的趣味性,因为引入到原题中的这些概念都很有趣。最后一道已知两点坐标求其间距的题目尤为重要,因为直角坐标很重要。

3. 还有另一道题目,如果我们知道了原题目的解答,就很容易去解它:已知长方体的长、宽和对角线长,求它的高。

事实上,原题的解答本质上在于建立了四个量,即长方体的三个维度和它的对角线之间的关系。如果已知这四个量中的任意三个,就可以从它们的关系中求出第四个量。由此,我们可以解出这个新的题目。

在这里我们有一个模式,能从我们曾经解过的题目得出一道容易解决的新题目:我们把原题中的未知量作为已知量,而把其中一个原来已知的量作为未知量。在新的和老的两道题目中,已知量和未知量之间的关系不变。我们在其中一道中发现了它们之间的某种关系,就可以在另一道中应用这种关系。

这种互换角色来获得新题目的模式和第2点中的模式迥然不同。

4. 现在让我们用另外一些方法来导出一些新题目。

对我们原来的题目进行自然的普遍化就得到下面这个题目:已知从平行六面体对角线一端出发的三条棱长以及三条棱之间的夹角,求此对角线长。

对它进行特殊化我们又得到以下这个题目:已知立方体棱长,求它的对角线长。

通过类比我们可以得到无穷无尽的题目的变形。下面的几个是从第2点中所考虑的问题中得出来的：已知正八面体的棱长，求它的对角线长；已知正四面体的棱长，求它的外接球半径；已知地球（假定是球体）表面上两点的地理坐标，即经度和纬度，求这两点之间的球面距离。

所有这些问题都很有趣，但其中只有通过特殊化方法得到的那道题目可以根据原题的解答立即求出来。

5. 我们可以将所提出的题目的某些定量看作变量，从而得出一些新的题目。

第2点所述的一个特例是：已知立方体的棱长，求它的外接球半径。我们把立方体、立方体和球的公共中心看作是不变的，只是改变球的半径。如果球的半径很小，球就在立方体内部。随着半径的增加，球也逐渐扩大（就像一个在充气过程中的橡皮气球那样）。在某一特定时刻，球碰到了立方体的表面。稍后，碰到它的棱。再晚一点，球面通过它的顶点。在这三个临界时刻，球体的半径取何值？

6. 如果一个学生从来没有机会解答一道由他自己创造的题目，他的数学经验就是不完整的。教师可以示范从一道刚解过的题目中引出一道新题目，并通过这样做激起学生们的好奇心。教师也可以把创造的某一部分留给学生们来完成。例如，他可以讲述我们刚刚讨论过的那个膨胀球问题（在第5点中）并问道："你想要计算的是什么？半径的哪一个值特别有意思？"

执　行
(Carrying out)

构思一个方案和去执行它是两码事。在某种意义上，对于数学题目也是如此。执行一个解题的方案与构思它在工作的特点上无疑是不同的。

1. 就像建桥时要搭支架来支撑桥身一样，我们在思考最终的严密论证时也许会采用临时的和仅仅看似有理的论证。然而，当建桥工作有了充分的进展后，我们就撤掉架子，桥也应该能自己站得住了。同样，当解答有了充分的进展后，我们就丢开所有临时的和仅仅看似有理的论证，此时结论应该可以只由严密的论证来支持。

在思考解题方案时，我们不用过于害怕那些仅仅看似有理的探索式论证，任何导向正确概念的东西其本身也是正确的。但是，当我们开始实现求解方案时，我们就必须改变这种立场。那个时候我们只能接受确定的、严格的论证。*执行你的解题方案，检查每一个步骤。你能清楚地看出这个步骤是正确的吗？*

在执行方案的过程中，我们越是辛勤地检查各个步骤，那么在构思它时就越能自由地运用探索式论证。

2. 我们应当适当考虑我们方案中各细节的实行顺序，尤其是如果题目很复杂的话。我们不应遗漏任何细节，应该理解我们面前的细节对于整个题目的关系；我们不应忽视主要步骤之间的联系。因此，我们应当按照适当的顺序进行。

特别地，在我们还没有足够的理由相信论证的各主要步骤都是可靠的之前，先去检查次要的那些细节并不合理。不管怎么说，如果论证的主线上有一处断裂的话，检查这个或那个次要的细节将会毫无用处。

我们实现这些论证细节的顺序和我们构思它们时的顺序可能会迥然不同；而我们把这些细节以确定的陈述写下来，其顺序又会有所不同。欧几里得(Euclid)的《几何原本》(*Elements*)将论证的细节以一种刻板的、系统化的顺序来表述，这种方法常常受到模仿，也常常受到批评。

3. 在欧几里得的著作中，所有的论证都朝着同一个方向进行：在“求解题"中是从已知量到未知量；在"证明题"中是从题设到结论。任何新的元素、点、线等等，都必须正确地由已知量或已从前面的步骤正确推出的元素来推导得到；任何新的推断都必须正确地由题设或在前面的步骤中已得到正确证明的推断来证明它。每一个新元素、每一个新的推断，在首次碰到时都必须受到考察，因此它只需考察一次。我们必须把我们所有的注意力集中于当前的步骤上，既不必瞻前，也无须顾后。我们必须检查其推导过程的最后一个新元素正是未知量。我们必须检查其证明过程的最后一个推断正是结论。如果每一个步骤，包括最后一步都是正确的，那么整个论证就是正确的。

如果目标是要详细地检查论证，那么欧几里得的论证方式值得毫无保留地大力推荐。尤其是如果论证是由我们自己做出的，其过程又长又复杂，而且我们不仅找到了它，也对它进行了大量研究，以至于除了检查其本身每个特定的论点以外，没有什么别的事情可做了，此时也就没有比用欧几里得的方式将这个论证写出来更好的办法了。

然而，如果我们的目的是要将这个论证表述给一个从未听说过它的读者或听众，欧几里得的论证方式就不能毫无保留地加以推荐了。欧几里得的论证方式能够很好地指明每一个特定的论点，但用来描述论证的主线就不那么好了。**聪明的读者**能很容易看出每一步都是正确的，但要理解其来源、目的以及整个论证中的联系，就会有很大的困难。这种困难的原因在于，欧几里得的论证常常遵照一种和自然的创造截然相反的顺序进行。(欧几里得的论证严格遵照"综合"的顺序，见**帕普斯**一节，特别是其中的评注3、4、5。)

4. 让我们来做个总结。欧几里得的论证方式，即严格地从已知数据进展到未知量，从题设进展到结论的方法，用来详细地检查论证过程是很好的，而用来使我们理解论证的主要思路则还远远不够好。

一种十分可取的方式是，学生们应该使用欧几里得的方式来检验他们自己的论证，从已知数据进展到未知量，并检查每一个步骤，当然这类情况并不一定要非常僵化地实施。而教师用纯欧几里得的方式来提供很多证明的方式就不太可取了，虽然如本书所推荐的那样，在讨论中当学生在教师的指导下，尽可能独立地找到解题的主要思路后，这种欧几里得式的表述也许会是十分有用的。另一种可取的方式（正如一些教科书中所采用的）是：先提出主要思路的一个直观的草案，然后用欧几里得式的论证次序深入到细节。

5. 一个严谨的数学家，为了能使自己确信他的命题是正确的，会试图直观地看出它，并给出一个形式上的证明。*你能清楚地看出它是正确的吗？你能否证明它是正确的？*严谨的数学家在这方面的行为就像是一位谨慎购物的女士。为了使自己对布料的质地满意，她就想要看看它、摸摸它。直观的洞察和形式上的证明是获得真理的两种不同的方式，这可以与通过视觉和触觉这两种不同的感官来感知一种事物相比拟。

直观的洞察力可以远远领先于形式上的证明。任何一个聪明的学生，即使他完全没有系统的立体几何知识，一旦他清楚地明白了其中的术语，他马上就能看出，如果两条直线都平行于同一条直线，那么这两条直线也必平行（这三条直线可以在一个平面上，也可不在同一平面上）。然而要证明这个在欧几里得的《几何原本》第11卷中作为命题9给出的陈述，却需要一个长时间、仔细的和创造性的准备过程。

逻辑规则的形式操作和代数公式也可以远远领先于直觉。几乎每个人都能一眼看出，任意选取的三根直线可将一个平面分成7个部分（注意唯一有限的部分，即由这三根直线组成的三角形）。然而就是绞尽脑汁，也几乎没人能看出任意选取的5个平面可将空间分成26个部分，但是可以精确证明，正确的数字确实就是26，而这个证明过程既不十分长，也不难。

在执行我们的方案时，我们检查每一个步骤；在检查我们的步骤时，我们可以依赖于直觉的洞察或形式上的法则。有时候直觉领先了，有时候形式上的推理又领先了。同时采用这两种方法是一种既有趣又有用的练习。*你能清楚地看出这个步骤是正确的吗？*是的，我能清楚无疑地看出来。直觉领先了，但形式推理能超越它吗？*你又能否***证明***它是正确的？*

尝试去从形式上证明已经直观看出的东西或直观地洞察已经经过形式证明的东西，这是一种令人鼓舞的智力练习。不幸的是，课堂里在这方面的时间总是不够。在第一部分第12和第14节中讨论的例子就是这方面的典型例子。

条　件

(*Condition*)

条件是一道“求解题”的主要部分,见**求解题**、**证明题**,3,还可参照**新旧术语**,2。

一个条件如果包括一些过多的部分,就称它为*多余的*;如果它的各部分是相互对立、不相一致的,因而没有可满足这个条件的对象,就称它是*矛盾的*。

因此,如果一个条件是用比未知量更多的线性方程来表示的,那么该条件不是多余的就是矛盾的;如果一个条件是用比未知量少的方程来表示的,那么它就不足以确定未知量;如果一个条件是用正好和未知量等量的方程来表示的,那么它通常正好足够来确定未知量,在例外的情况下也可能会矛盾或不充分。

矛　　盾
(*Contradictory*)

见条件一节。

推　论
(*Corollary*)

推论是一条定理,它是我们从对刚刚发现的另一条定理的检验中很容易得到的。这个词来源于拉丁语,照字面的解释是“赏金”或“小费”。

你能从已知数据中得出一些有用的东西吗?
(*Could you derive something useful from the data?*)

我们面前有一个没有解决的题目,一个悬而未决的题目。我们要找出已知数据与未知量之间的联系。我们可以将要解的题目看成已知数据和未知量之间一个宽阔的空间,看成一条鸿沟,要跨越它我们必须建一座桥。我们可以随便从哪一边开始构建我们的桥梁,可以从未知量开始,也可以从已知数据开始。

观察未知量!并尽量想出一道你所熟悉的具有相同或相似未知量的题目。这是建议你从未知量开始工作。

观察已知数据!你能从已知数据中得出一些有用的东西吗?这是建议你从已知数据开始工作。

通常从未知量开始的推理看起来更可取(见**帕普斯**和**倒着干**两节),然而另一种方法,从已知数据起步的方法,也有机会成功,所以也必须常常试试看,并值得加以阐明。

例子。给定三个点A、B、C,在B、C之间画一条通过A点且与B点和C点距离都相等的直线。

已知数据是什么?给定了A、B和C三点的位置。我们画一张图来表示已知数据(见图13)。

未知量是什么?一条直线。

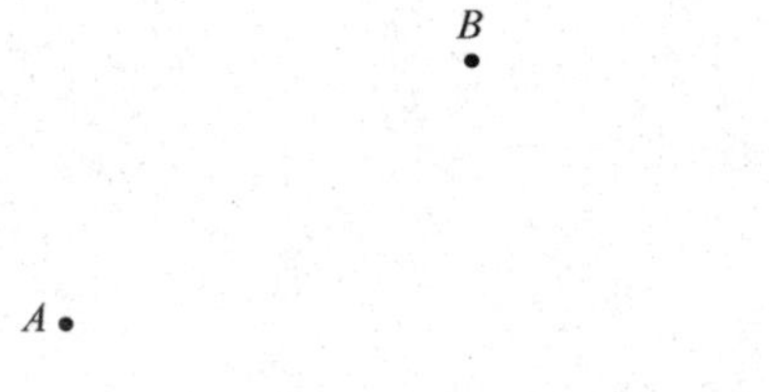

图13

条件是什么？所求的直线要通过A点，并在B、C之间经过，和B、C两点距离相等。我们将未知和已知的量都放在一张图中，把所要求的关系表示出来(见图14)。根据一点到一直线距离的定义，我们的图形表示了这个定义涉及的两个直角。

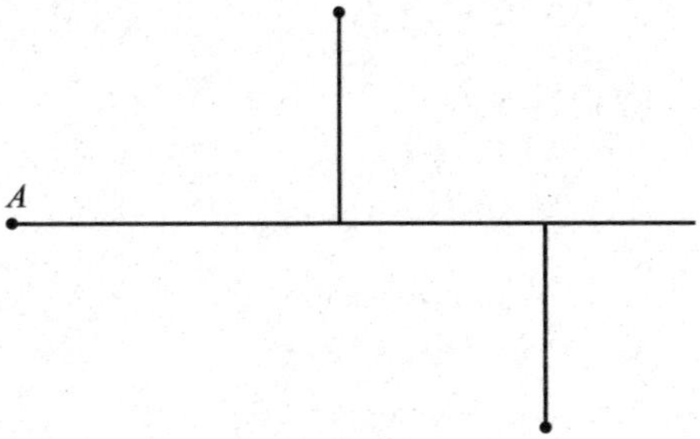

图14

如此画出的这个图形，仍然“太空泛”。未知的直线和已知的点A、B和C之间仍没有产生令人满意的联系。这个图形中还需要添加某条辅助线，要加点什么条件——但要加什么呢？一个相当优秀的学生也可能对此一筹莫展。当然，有各种方法可以尝试，但是能使他重新振作的那个最好的问题是：你能从已知数据中得出一些有用的东西吗？

事实上，已知量是什么呢？就是图13所示的三个点，没有别的了。我们还没有充分利用B点和C点；必须由它们得出一些有用的东西。但是只有两个点，我们能做些什么呢？用一根直线把它们联结起来。由此，我们画出图15。

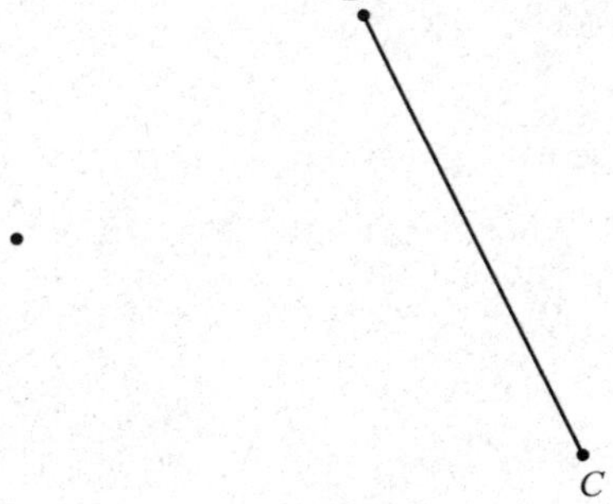

图15

如果我们将图14和图15叠在一起，解答可能就突然闪现出来了：有两个直角三角形，它们是全等的，还有一个非常重要的新交点。

你能重新叙述这道题目吗?
(*Could you restate the problem?*)

你能以更不同一些的方式来叙述它吗?这些问题都旨在得到合适的**变化题目**。

回到定义上去。参见**定义**一节。

分解和重组

(*Decomposing and recombining*)

分解和重组是思维的重要活动。

研究一个能引起你的兴趣或挑起你的好奇心的对象:一幢你想租的房子、一封重要而神秘的电报、任何一种其用途和来源都使你困惑的物体,或者任何一道你企图解决的题目。你对这个对象有一个整体的印象,但也许这个印象还不够明确。一个细节打动了你,于是你对它集中注意力;然后,你又去注意另一个细节;再以后,又是另外一个。细节的不同组合都可能会呈现出来,而且过了一会儿,你再一次整体地考虑这个对象,而现在你看待它的角度已经不同了。你把一个整体分解成它的各个部分,然后又把这些部分重组,使之成为一个与原来或多或少有些不同的整体。

1. 如果你深入到细节中去,你就可能会在细节中迷失自我。过多过细的枝节对思维是一种负担。它们会阻碍你对要点投入足够的注意力,甚至会使你全然看不到要点。想想那些只见树木不见林的人吧。

当然,我们不希望在不必要的细节上浪费时间,而应该把精力留到要点上。但困难在于,我们事先不可能说得出哪些细节最终会是必要的,哪些又不会是。

因此,首先我们得将题目作为一个整体来理解。在理解了题目以后,我们在判断哪些特定点可能是最重要的内容时,就占据了一个更为有利的位置。在研究了一两个要点以后,我们在判断还有哪些深一层的细节值得详细研究时,将会占据一个较有利的位置。让我们深入到细节,并逐渐将题目分解,但不要超过我们需要的程度。

当然,教师不可能期望所有的学生在这方面都做得很聪明。相反,一些学生会在没有整体理解题目之前就从细节开始,这是一个非常愚蠢的坏习惯。

2. 我们将要考虑数学题目中的"求解题"。

在整体理解了一个题目、它的目的和要点以后,我们希望深入到细节中去。我们应该从哪里开始？几乎在所有的情况下，我们都有理由从考虑题目的主要部分开始着手，这些主要部分是指未知量、已知数据及条件。几乎在所有的情况下，在开始详细研究一道题目时，明智的做法是从下面这些问题开始：未知量是什么？已知数据是什么？条件是什么？

如果我们想研究一些更深入的细节，我们应该做什么？在通常的情况下，可取的做法是，研究每个数据本身，将条件的不同部分分开，并研究每一个部分本身。

我们也许会发现，进一步分解题目，来研究更细微的枝节是很有必要的。尤其是当我们的题目比较困难时。于是，也许有必要回到某一个术语的定义上去，以引入这个定义所包含的某些新元素，并研究这些引入的元素。

3. 分解了题目以后，我们要尝试用某种新的方式来重组它的元素。特别是可以尝试将这些元素重组为一道新的、更容易入手的题目，我们可以将它作为一道辅助题目来利用。

当然，存在着无限多种可能的重组方式。困难的题目需要隐秘的、特殊的、具有独创性的组合方式，解题者的才智就在组合的独创性中显示出来。不过，对于那些较简单的题目来说，某些通常的和相对简单的组合方式已经足够了，我们应该对这些方法有透彻的了解，并首先尝试它们，即使最后我们可能不得不借助于一些不那么明显的方法。

这里有一个形式上的分类，其中简洁地列出了最常用也是最有用的一些组合方式。在由原来的题目来构建一道新的题目时，我们可以：

(1) 保持未知量不变，改变其余的部分(已知数据和条件)；或者

(2) 保持已知数据不变，改变其余的部分(未知量和条件)；或者

(3) 既改变未知量，又改变已知数据。

我们来研究这些情况。

[第(1)种和第(2)种情况是交叠的。实际上，同时保持未知量和已知数据不变，而只通过改变条件的形式来对题目变形也是可能的。例如，下面两个题目虽然看起来是等同的，其实并不完全相同：

给定一条边，画一个等边三角形。

给定一条边,画一个等角三角形。

这两种陈述的差别在当前的例子中是微不足道的,然而在别的一些例子中可能会很重要。这些情况在某些方面甚至会更加重要,但在这儿讨论它们就需要花费过多的篇幅了。请与**辅助题目**,7的最后一点说明作比较。]

4. 为了对原来的题目进行变形,保持未知量不变,而改变已知数据和条件常常是很有用的。在**观察未知量**一节中的建议是针对有相同未知量的题目的。我们可以尝试回忆起一道以前解过的这种类型的题目:尽量想出一道你所熟悉的具有相同或相似未知量的题目。如果想不起来,我们可以努力去创造一个:你能想到其他合适的已知数据来确定该未知量吗?

一道新的题目和原来的题目的联系越紧密,就越有可能有用。因此,在保持未知量不变的同时,我们也试图保持某些已知数据和部分条件不变,尽可能地少做变化,只改变一两个已知数据和条件中的一小部分。一个好的办法是我们忽略一些东西,而不作任何添加;保留未知量,只保留条件的一部分,而丢掉其他部分,但不引入任何新的条件或已知数据。在下面的7、8两点中列举了这方面的例子并给出说明。

5. 保持已知数据不变,我们可以尝试引入某个有用的且更容易着手的新的未知量。这样的一个未知量必须是从原始的已知数据中获得的,当我们问"你能从已知数据中得出一些有用的东西吗?"的时候,这样的一个未知量就在我们脑海中了。

我们注意到,这儿有两件事是我们期望的:第一,新的未知量应该更容易着手,也就是说,与原来的未知量相比,它应该更容易由原始的已知数据得到;第二,这个新的未知量应该是有用的,这就是说,只要找到了它,它就能够在寻求原来的未知量中提供确定无疑的帮助。简单来说,这个新的未知量应该是一种*垫脚石*。溪流中央的一块石头比我要到达的彼岸来得近,如果我踏上了那块石头,它就能帮助我迈向对岸。

新的未知量应该是容易着手的,又是有用的,但在现实中,我们常常不得不满足于只得到其中之一。如果没有出现更好的东西,从某些可能有点用的已知数据中得到一些东西也并非不合情理；同样，也有理由可以去尝试一个与原来的未知量有密切关联的新的未知量，即使初看起来它并不特别容易着手。

例如，假如我们的题目是要求一个长方体的对角线长（如第一部分第8节所述），我们可以引入它的一个面上的对角线长作为新的未知量。如果我们知道只要有了一个面上的对角线长，就能得到长方体的对角线长（如第一部分第10节），我们就可以这么做；如果我们察觉到侧面上的对角线长容易求出，并猜测它对于求六面体的对角线长可能会有用，我们也可以这么做。（请与**你用到所有的已知数据了吗？** 1作比较。）

假如我们的题目是要画一个圆，我们就必须定下两样东西：它的圆心和半径。我们可以说，题目由两部分组成。在某些情形下，一个部分会比另一部分容易着手。因此，在任何情况下，我们都有理由花一点时间来考虑这种可能性：*你能解出这道题目的一部分吗？* 通过问这个问题，我们就在权衡各种可能性：是否值得集中精力于圆心或者半径，选择这一个还是另一个作为新的未知量。这种问题经常是很有用的。在更复杂或更高深的题目里，决定性的念头常常在勾勒出题目的某个更加容易着手却又十分重要的部分时出现。

6. *同时改变未知量和已知数据*，这样做，与前面这些情况相比，我们将偏离原题更远。我们自然不喜欢这样，我们会有整个儿丢失原题的危险感觉。然而如果不作那么根本的变化，就得不到易于着手且有用的东西，我们就会被迫要作如此大的变动；或者，如果新的题目更有机会成功的话，也会诱使我们如此远离原来的题目。*你能改变未知量或已知数据，或者有必要的话，把两者都改变，从而使新的未知量和新的已知数据彼此更接近吗？*

同时变换未知量和已知数据的一种很有趣的方法是，将未知量和已知数据中的一个进行互换（参见**你能应用这个结果吗？** 3）。

7. *例子*。已知三角形的一边a，垂直于a的高h，以及a的对角α，作这个三角形。

未知量是什么？ 一个三角形。

已知数据是什么？两条线段a和h，以及一个角α。

现在，如果我们对几何作图题有点熟悉的话，就可以尝试将这样一道题目简化为作一个点。我们作一条线段BC，令其长度等于给定的边长a，接下来我们所要做的只是找到三角形中与a相对的顶点A，见图16。事实上，我们有了一个新的题目。

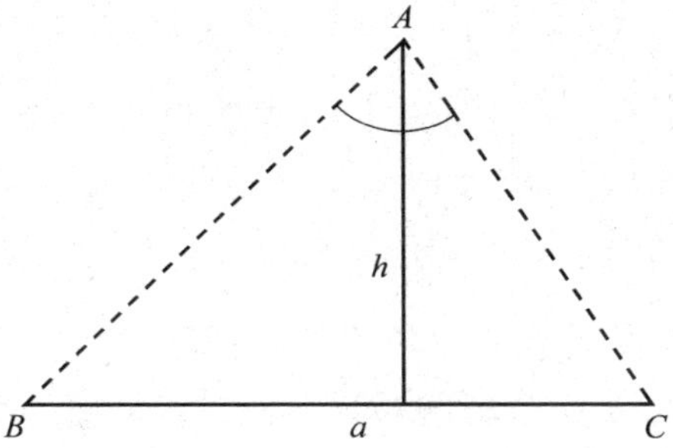

图16

未知量是什么？点A。

已知数据是什么？一条线段h，一个角α，以及两个定点B和C。

条件是什么？从A点到BC的垂直距离应为h，且$\angle BAC=\alpha$。

事实上，我们已经变换了我们的题目，同时改变了未知量和已知数据。新的未知量是一个点，而原来的未知量是一个三角形。有些已知数据在新旧题目中保持不变，即线段h和角α；但在原题中给定的长度a现在代之以两个点B和C。

新的题目并不难。下面的提示将使我们相当接近于解答。

将条件的不同部分分开。条件包含两个部分，一个部分涉及数据h，另一个部分涉及数据α。未知的点要求满足：

（Ⅰ）与线段BC间的距离为h；

（Ⅱ）是一个角的顶点，这个角的大小为α，它的两边通过给定的点B、C。

如果我们只保留条件的一部分，而丢掉其他部分，未知的点就不能完全确定。有许多点能满足条件的第一部分，也就是与BC的距离为h并平

行于 BC 的直线上的所有点。[2]这条平行线就是满足条件中第一部分的所有点的轨迹。满足条件中第二部分的点的轨迹是一段圆弧,它的两个端点是 B 和 C。我们可以将这两条轨迹都画出来,它们的交点就是我们想求作的点。

我们刚才所用的程序颇有趣味,在解决几何作图题时,我们常常可以成功地遵循这样的模式:将题目简化为作一个点,通过两条轨迹的交点来作出这个点。

但这个程序中有某一个步骤具有更普遍的意义,在解决任何一类的"求解题"时,我们可以遵循这样的模式:只保留条件的一部分,而丢掉其他部分。这样做,我们就弱化了所求题目的条件,减少了对未知量的限制。那么未知量可以确定到什么程度,它能怎样变化?通过问这样的问题,我们事实上建立了一个新的题目。如果未知量是平面上的一个点(如我们的例子中那样),这个新题目的解答就在于确定这个点所描绘出的轨迹。如果未知量是其他类型的一个数学对象(在第一部分第18节中它是一个正方形),我们就必须恰当地描述一个由此类对象组成的集合,并精确表述其特征。即使未知量不是一个数学对象(参见下一个例子,在第8点中),对满足原题加于未知量上的部分条件的那些对象加以考虑、刻画、描绘或列举,也可能会有用。

8. 例子。在一个允许双关和字母变换的纵横字谜中,我们的谜面是这样的:

"Forward and backward part of a machine(一台机器向前和向后的部件)"。(谜底单词由5个字母组成。)

未知量是什么?一个单词。

条件是什么?这个单词有5个字母。它和某种机器的某个部件有点关系。它当然应该是一个英文单词,我们希望它不会太生僻。

这个条件对于确定未知单词是否充分?不充分,或者说得更确切一些,条件也许是充分的,但到现在为止已经清楚的那部分条件还是不充分的。有太多的词可以满足它,例如"lever(操纵杆)","screw(螺丝钉)",或者诸如此类的东西。

这个条件表述得很含糊——当然是故意的。如果找不到什么东西似乎有理由既被描述成机器"向前的部件"，又可被描述成机器"向后的部件"，我们可以猜测它的意思是顺读或倒读。研究一下谜面的这种解释也许是个好主意。

将条件的不同部分分开。条件包括两个部分，其中之一和单词的意思有关，另一个部分涉及它的拼写。未知的单词要求是：

（Ⅰ）一个表示某种机器上某部件的一个短小的单词；

（Ⅱ）一个由5个字母组成的单词，把它颠倒过来拼写也表示某种机器的某部件。

如果我们只保留条件的一部分而丢掉其他部分，未知单词就不能完全确定下来。有许多单词都满足条件的前一部分（Ⅰ），于是我们有了一种轨迹。我们可以"描绘"这个轨迹（Ⅰ），"跟踪"它直到找到与轨迹（Ⅱ）的交点。自然的过程是集中精力于条件的前一部分（Ⅰ），来回忆起一些具有所描述的意思的单词。当我们成功地回忆起这样的一些单词后，再来检验它的长度是否符合要求、是否可以倒读。在我们获得那个正确的单词前，也许会记起下面几个单词：lever（操纵杆）、screw（螺丝钉）、wheel（轮胎）、shaft（轴）、hinge（铰链）、motor（发动机）。

对了，当然是rotor（转子）！

9. 在第3点中，我们对所提的"求解题"的某些元素进行重新组合从而获得一道新的"求解题"的种种可能性作了分类。如果引入的新题目不止一道，而是两道或更多，我们就得要提到更多的可能性，但不再作分类了。

还可能出现一些别的可能性。尤其是一道"求解题"的解答可能依赖于一道"证明题"的解答。我们只是提一下这种重要的可能性；考虑到篇幅所限，就不再讨论了。

10. 对于"证明题"，只需要加极少量简短的说明。这些说明和前面所说的关于"求解题"（2至9点）的更广泛评注类似。

在对这样一个题目有了整体的理解以后，一般来说，我们应该考察它的各主要部分。这些主要部分包括要求我们去证明或推翻的定理的题设和结论。我们必须彻底理解这些部分:题设是什么?结论是什么?如果需要深入到那些更特殊的点中去,我们可以将题设的不同部分分开,并单独考虑各个部分。然后我们可以再着手处理其他细节,一步一步地深入分解题目。

将题目分解了以后,我们可以尝试将它的这些元素以一种新的方式重新组合起来。特别是,我们可以把这些元素组合成为另一条定理,在这一方面,有下列三种可能性:

(1) 我们保持结论不变而改变题设。我们首先尝试回忆起这样一条法则:观察结论!并尝试想起一条有相同或相似结论的熟悉定理。如果我们想不起这样的一条定理,那么我们可以尝试创造一条:你能想到另外一种可以很容易导出这个结论的题设吗?我们可以通过省略一些东西而不是添加一些东西来对题设加以改造:只保留题设的一部分,忽略别的部分,该结论仍成立吗?

(2) 我们保持题设不变,而改变结论:你能从题设中得到什么有用的东西吗?

(3) 我们同时改变题设和结论。在只改变其中之一而没有获得成功的情况下,我们也许更倾向于同时改变两者。你能改变题设或结论,或者必要的话同时改变两者,从而使新的题设和新的结论彼此更接近吗?

为了解决所提出的一道"证明题",我们引入两道或更多新的"证明题",或者将它和一道合适的"求解题"联系起来,在这里我们并不想对这种情况下产生的各种可能性进行分类。

定　义
(*Definition*)

一个术语的定义是指用其他一些被认为已熟知的术语来对它的意义进行表述。

1. 数学中的专业术语有两种。有些作为基本术语不加定义而被接受下来。另外的则被认为是派生术语而经适当的形式加以定义;这就是说,它们的意义用基本术语以及用已被定义过的派生术语来表述。这样,对于诸如点、直线和平面之类的原始概念,我们不用给出形式上的定义[3]。而我们对于诸如“角平分线”、“圆”或“抛物线”之类的概念则要给出形式上的定义。

刚才引用的最后一个术语的定义也许可以表述如下:*抛物线*是到一个定点和一条定直线等距离的点的轨迹。这个定点称为抛物线的*焦点*,这条定直线称为抛物线的*准线*。不言而喻,这里考虑的所有元素都在一个确定的平面上,这个定点(焦点)不在此定直线(准线)上。

读者不一定要知道这里定义的术语:抛物线、抛物线的焦点、抛物线的准线。但他应该要知道所有其他术语的意思,如点、直线、面、两点间距离、确定的、轨迹等。

2. 词典中的定义从表面上看来和数学上的定义并没有很大的不同,但它们是以不同的精神实质来撰写的。

词典的编写者关心的是词语当前所具有的意思。他当然会接受这一当前的意思,并以定义的形式尽可能简洁地陈述出来。

数学家不关心他的专业术语的当前的意思,至少他首先关心的不是这个。“圆”或“抛物线”或其他这一类专业术语在日常的谈话中可能表示什么,或者不表示什么,这对他来说都没多大关系。数学定义产生了数学上的意义。

3. 例子。已知一条给定的直线和一条给定焦点及准线的抛物线,求它们的交点。

我们解任何题目的方法必定依赖于我们的知识状态。我们解目前这道题目的方法就主要依赖于我们对抛物线性质的熟悉程度。如果我们对抛物线知道得相当多,就可以尝试运用我们的知识,并从中萃取有用的东西:你知道一条可能有用的定理吗? 你知道一道与它有关的题目吗? 如果我们对抛物线、焦点、准线所知甚少,这些术语就相当令人为难,我们自然想摆脱它们。我们怎样才能摆脱它们呢? 让我们来听听一位教师和他的学生讨论这道题目时的一段对话。他们已经选择了适当的符号:用P来表示任何未知的交点,用F表示焦点,d表示准线,c表示和抛物线相交的直线。

"未知量是什么?"

"P点。"

"已知数据是什么?"

"直线c、d及点F。"

"条件是什么?"

"P是直线c和抛物线的交点,此抛物线的准线是d,焦点是F。"

"很对。我知道你没怎么学过抛物线,但是我想你说得出抛物线是什么。"

"抛物线是到焦点和准线距离相等的点的轨迹。"

"对。你把定义记得很正确。这很好,但你还必须应用它,回到定义上去。根据抛物线的定义,你对P点还能说出什么吗?"

"P在抛物线上。因此P点到d和F的距离相等。"

"很好!画一张图。"

学生在图17中引入两条线段PF和PQ, PQ是由P点向d作的垂线。

"现在,你能重新叙述这道题目吗?"

……

"应用你刚才引入的两条线,你能重新叙述题目的条件吗?"

"P是直线c上使得$PF=PQ$的一点。"

"很好。但请用语言来表达: PQ是什么?"

"P点和d之间的垂直距离。"

"好。现在你能把题目重新叙述一下吗? 不过,请用明白无误的句子

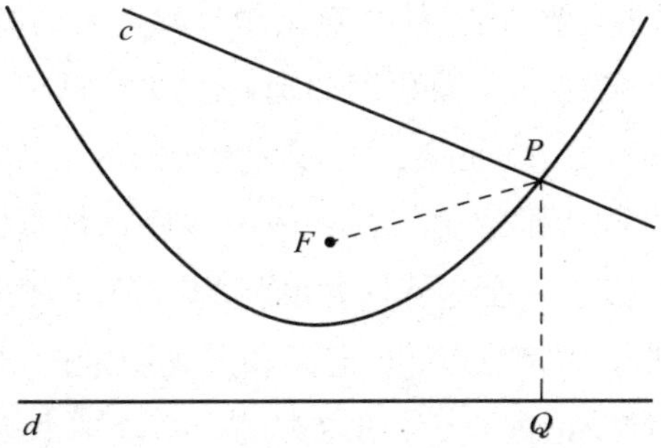

图 17

简洁地把它表述出来。”

“在给定的直线 c 上作一点 P，该点到给定点 F 和给定直线 d 的距离相等。”

“注意一下从原来的表述到你的重新表述之间所取得的进展。题目原来的叙述中全是不熟悉的专业术语：抛物线、焦点、准线，听上去颇有点浮夸、花哨。但是现在，这些陌生的专业术语全都没有了，你把题目变得平易了。干得好！”

4. *消去专业术语*是上面这个例子中工作的结果。我们从题目的一个包括某些专业术语（抛物线、焦点、准线）的表述开始，最后得到一个完全没有这些术语的重新表述。

要消去一个专业术语，我们就必须知道它的定义。但是只知道定义还是不够的，还必须应用它。在前面的例子中，只知道抛物线的定义还不够。关键的步骤是在图中添加线段 PF 和 PQ，根据抛物线的定义可知它们是相等的。这是很典型的过程。我们在题目的概念中引入合适的元素，在定义的基础上建立起我们引入的这些元素之间的联系。如果这些联系完整地表达了术语的意思，则我们已经应用了定义。应用了定义以后，我们就把术语消去了。

刚才所描述的过程称为*回到定义上去*。

通过回到一个专业术语的定义上去，我们就去掉了这个术语，而代之以引入的新元素和新关系。由此在题目的概念中产生的变化可能很重要。无论如何，某种重新叙述、某类**变化题目**肯定是会有结果的。

5. 定义与已知定理。如果我们知道“抛物线”这个名词，并对这种曲线的形状有些模糊的概念，而除此之外别无所知的话，那么要解提出来作为例子的那道题目或者别的关于抛物线的一些需认真对待的几何题，我们的知识显然是不够的。要达到这样的目的，需要什么样的知识呢？

几何学可以被认为是由公理、定义和定理组成的。在公理中并未提及抛物线，公理只涉及诸如点、直线之类的一些基本术语。任何一个涉及抛物线的几何论证，任何包含它的题目的解答，都必须应用到它的定义或者与它有关的定理。要解决这样的一道题目，我们至少必须知道它的定义，最好还要知道一些定理。

我们关于抛物线所说的内容当然也同样适用于任何派生概念。当我们开始解含有这样一个概念的一道题目时，还不知道应该采用此概念的定义呢还是一些关于它的定理。但我们肯定必须要用到其中之一。

然而，在某些情况下我们没有选择权。如果我们只知道概念的定义而不知道任何其他东西，那么我们就不得不使用这个定义；如果我们除了这个定义以外所知甚少，那么回到定义上去也许是最好的。但是如果我们知道关于这个概念的很多定理，并且使用它们也已经有了相当多的经验，那么我们就有机会抓住一个涉及它的合适的定理。

6. 几个定义。球面通常定义为到一定点距离为定长的点的轨迹（现在这些点是在空间中的，而不仅限于平面中）。但球面还可以定义为一个圆绕其一条直径旋转而成的曲面。我们还知道球面的另外一些定义，可能还有更多。

如果要求我们解的题目中包含了某个派生概念，如“球面”、“抛物线”，而我们又希望能回到它的定义上去，我们就可以在众多的定义中选择一个了。在这种情况下，选择合适的定义至关重要。

求一个球面的表面积，在阿基米德解决它的那个时代是一道重大而艰巨的题目。阿基米德可以在我们刚才提到的两个球面的定义中作选择。他更喜欢把球面想象成是由一个圆绕一固定直径旋转而成的曲面。他在圆内作一个内接正多边形，它的边数是偶数，上述这根固定的直径联结它的相对顶点。这个正多边形接近于圆,并和圆一起旋转,从而形成一个凸面。这个凸面由顶点在固定直径两端的两个圆锥和其间的数个圆台组成。这样组合的一个表面和球面相近,阿基米德用它来计算球面的表面积。如果我们把球面想象成到其中心等距离的点的轨迹的话,那么我们就提不出球面的这种简单近似了。

7. 回到定义上去在考虑论证过程中很重要,但是在检验它时也同样重要。

对于阿基米德那道求球面表面积的题目,有人提出了一种据说是新的解决方法。如果他对于球面只有一个模糊的概念,他的解答就不会是什么好东西。他也可能对球面有一个清晰的概念,但是如果他不能在他的论证中应用这个概念,那么我就无法知道他究竟有没有这个概念,而且他的论证也就不会高明。因此,在聆听论证的时候,我总是在等待他会讲到球面的一些实质,并应用它的定义或有关它的某个定理的那一时刻。如果这一时刻一直没有出现,那么他的论证一定不会好。

我们不仅应该检验别人的论证,当然也应该以同样的方法来检验我们自己的论证。*你把题目中所有关键的概念都考虑到了吗?* 你是怎样应用这些概念的?你用到它的意义、它的定义了吗?你用到关于它的基本事实和已知定理了吗?

帕斯卡(Pascal)强调了回到定义上去对于检验一个论证的有效性是很重要的,他提出了这样一条规则:"在心里用定义的事实来代替被定义的术语。"*阿达玛(Hadamard)曾强调,回到定义上去对于思索出一个论证也很重要。

8. 回到定义上去是一项重要的思维活动。如果我们想明白为什么用文字表达的定义是如此重要,我们首先就应该认识到文字是很重要的。要是不使用文字、标记或某种符号,我们就几乎不能应用我们的思维。所以,文字和标记是有威力的。原始人类相信文字和符号具有魔力。我们可以理解这种信仰,但却不能苟同。我们应该知道,文字的威力不在于它的声音,不在于"气息",也不在于说话者呼出的"热气",而在于文字告诉

* 原文为法语"Substituer mentalement les définitions à la place des définis"。——译者

我们的思想，本质上也在于这些思想所依据的事实。

因此，寻找字里行间潜在的意义和事实是一种正确的趋向。通过回到定义上去，数学家寻求掌握隐藏在专业术语后面的数学对象间的真正联系，正如物理学家寻求隐藏在他们的专业术语后面的明确的实验，而具有一定常识的普通人则希望认真着手于过硬的事实而不至于仅仅为文字所愚弄。

笛　卡　儿

(René Descartes, *1596~1650*)

笛卡儿是伟大的数学家和哲学家。他计划给出一个普遍使用的解题方法，但留下的是他未完成的遗作《思维指导法则》(*Rules for the Direction of the Mind*)。这篇论文的片断在他死后从他的手稿中发现并得以发表，其中包含了比他那本更有名的著作《方法论》(*Discours de la Méthode*)更多也更有趣的讲述解题方法的材料，虽然《方法论》的写作时间很可能比《法则》要晚。看来笛卡儿的下面这段话叙述了他写《法则》的初衷："年轻时，每当我听到一些精妙的发明，我就尝试自己来发明它们，甚至是在没有读过那个作者的文章的情况下。在这样做的过程中，我逐渐发现我自己正在使用某些法则。"

决心、希望、成功
(Determination, hope, success)

把解题认为是纯粹的“智力活动”是错误的。决心和情绪也起了很重要的作用。对于课堂里的一道常规的题目,仅靠不温不火的决心和懒洋洋地同意做一点点事情也许就已经足够了。但是,要解决一个重大的科学问题,只有靠毅力才能坚持长年累月的艰苦工作,忍受痛苦的挫折。

1. 决心会随着希望与无望、满意与沮丧而产生波动。如果我们认为答案即将来临,就很容易继续干下去;但当我们看不到有什么克服困难的出路时,要坚持不懈就会很难。当我们的预计成为现实时,我们会兴高采烈;当我们满怀信心所遵循的道路突然中断时,我们就会沮丧无比,决心也会随之动摇。

“能无望而前行,百折而不挠。”*这可以用来表示意志坚强,或者说表示看重名声和信守职责,或者说表示是具有崇高目标的高尚的人。然而这种决心对科学家并不行得通,科学家应该一开始就抱有某种希望,获得了某种成功再继续下去。在科学工作中,有必要根据展望来明智地调整决心。除非一道题目有些趣味性,你才去着手解答它;如果题目看上去有教益,你就下决心认真地去做;如果有很大的希望,你就全身心地投入。如果你已经定下目标,就要坚持下去,但不用给自己找不必要的麻烦。不要轻视那些小的成功,相反,你应该寻找它们。如果你不能解所提的题目,先尝试去解某道有关的题目。

2. 如果学生的确犯了一些愚蠢的大错误,或者速度慢得气人,其中的毛病几乎都是相同的,他根本没有解题的意愿,甚至也没有要正确理解它的意愿,因此,他还没有理解题目。为此,一个真心希望帮助学生的教师首先应该激起学生的好奇心,使他产生解题的意愿。此外,教师还应该留给学生一定的时间来下定决心,安下心来完成任务。

教学生解题也是一种意志的教育。学生要解决对他来说并不容易的

---

* 原文为法语“Il n’est point besoin espérer pour entreprendre ni réussir pour persévérer”。——译者

题目，他就要学会面对失败锲而不舍，重视小的进步，静候实质性的念头，当这一念头出现后全力以赴。如果学生在学校中没有机会使自己体会到这种为解题奋斗而带来的各种情绪变化，他的数学教育就在最重要的一点上失败了。

诊　断
(*Diagnosis*)

作为一个教育学方面的术语,它在这里的意思是"对于学生的学习情况进行更深入的评估"。成绩可以说明学生的情况,但多少有点粗糙。想提高学生的学习情况的教师就需要更为深入地评估学生的优点和缺点,正如希望能改善病人健康情况的医生需要进行诊断一样。

在这里,我们特别关心的是学生的解题效率。如何来对此进行评估呢？我们可以从解题的四个阶段的划分中获得一些有用的东西。事实上,学生们在各个不同的阶段中的表现是相当有特点的。

由于注意力不集中而对题目的理解不完整,可能是在解题过程中最普遍存在的不足之处。关于拟订方案并对解答获得一个总体思想,有两种截然相反的错误是常见的:有的学生完全没有计划和总体思想,就急于计算和作图;另一些学生则傻傻地干等着某个念头出现,而不会做任何事来加速它的到来。在执行方案时,最常见的错误是在检查每一个步骤时粗心,缺乏耐心。根本不检查结果更是屡见不鲜。学生得到了一个结果就很高兴,马上就扔下笔。即使答案是最不可思议的,他也无动于衷。

教师在对这类错误作出了最细致的诊断以后,通过坚持使用表中的某些问题,就有机会来纠正它们。

你用到所有的已知数据了吗？
(*Did you use all the data?*)

由于我们运用的知识渐渐增多，我们最后对于题目的理解会比开始时多得多(见**进展与成绩**，1)。但现在怎么样了？我们已得到了所需的东西了吗？我们的概念足够了吗？你用到所有的已知数据了吗？你用到全部的条件了吗？在“证明题”中与此相对应的问题是：你用到全部的题设了吗？

1. 作为说明，让我们回到我们在第一部分第8节中曾提出(并在第一部分第10、12、14、15各节中继续讨论)过的“长方体题目”上来。可能有一个学生想到了要计算一个侧面上的对角线长 $\sqrt{a^2+b^2}$，但之后他就卡住了。教师可以通过问下列问题来帮助他：你用到所有的已知数据了吗？学生一定不会忽视 $\sqrt{a^2+b^2}$ 这个表达式并没有包含第三个数据 c，因此，他就应该尝试让 c 出现。那么，他就很有机会发现直角边分别为 $\sqrt{a^2+b^2}$ 和 c 的那个关键的直角三角形，而其斜边便是所要求的长方体的对角线长。(另一个说明见**辅助元素**，3。)

我们在这里讨论的这些问题是非常重要的。前面这个例子清楚地指出了它们在构建解答时的用处。它们可以帮我们找到我们对题目的理解中的弱点；它们可以指出某个遗漏的元素。当我们知道还缺少某个元素时，我们就很自然地会试图让它出现。这样，我们就有了一条线索，有了一条可以遵循的明确的研究途径，并很有机会能得到关键的想法。

2. 无论是在构建论证的过程中还是在检验它时，我们所讨论的这些问题都是很有用的。为了更具体地说明，假设我们要检验一条定理的证明，而这条定理的题设包括三个部分，所有这三个部分对这条定理的正确性都是必不可少的。这就是说，只要我们丢掉题设中的任何一个部分，这条定理就不再成立了。因此，只要在证明过程中忽略了使用题设中的任一部分，这个证明就必定是错误的。定理的证明中用到完整的题设了吗？它用到题设的第一部分了吗？它在何处用到题设的第一部分？它在何处用到第二部分？第三部分又在哪里用到呢？通过回答所有这些问题，我们就对论证进行了检验。

如果论证过程既长又复杂时，那么这一类的检验是有效的，具有启发性的，同时对于彻底的理解也几乎是必要的——**聪明的读者**应该明白这一点。

3. 我们所讨论的这些问题的目的在于检验我们对题目概念的完整性。如果我们没有把某个必要的数据或条件或题设考虑进去，我们的理解当然就是不完整的。但是如果没能了解某个重要的术语的意思，我们的理解同样是不完整的。因此，为了检验我们的理解，我们还应该问：*你把题目中所有关键的概念都考虑到了吗？*见**定义**，7。

4. 但是，考虑前面的这些意见时必须小心，并有一定的限制。事实上，它们的直接应用仅限于那些“叙述完美”且“合情合理”的题目。

一道叙述完美并合情合理的“求解题”必须有一切所需的数据，而不包括任何一个多余的数据；同时它的条件也必须正好充分，既不相互矛盾，也没有多余。解这样一道题目，我们当然必须使用所有的数据和全部的条件。

“证明题”的对象是一条数学定理。如果题目是叙述完美并合情合理的，那么题设中的每一条款对于结论都一定是必不可少的。证明这样的一条定理，我们当然必须使用题设中的每一条款。

在传统的课本中提出的那些数学题应该都是叙述完美并合情合理的，但是我们也不应对此太过信赖了。哪怕有一点最轻微的疑虑，我们就应该问：**条件有可能满足吗？**通过尝试回答这个问题或一个类似的问题，我们至少可以在一定的程度上自信，我们的题目正如所指望的那么好。

只有当我们知道面前的题目是合情合理并叙述完美的，或者至少当我们没有理由作与此相反的猜疑时，本节标题中所提到的问题以及相关的那些问题，才可能而且应该不加修改地提出。

5. 还有一些在某种意义上可能“叙述完美”的非数学题目。例如，好的象棋残局应该只有一种解决之道，而且棋盘上没有一粒棋子是多余的，等等。

然而**实际题目**往往远非叙述完美的，而且需要对本节所讨论的问题仔细地进行再考虑。

你知道一道与它有关的题目吗?

(*Do you know a related problem?*)

我们几乎不可能想出一道全新的题目,它和以前解过的题目既不相像,又无联系。而且,假如有这样的题目存在,它也是解不出的。事实上,我们在解题时总是得益于以前曾解过的那些题目,应用它们的结果或者方法,或是我们在解答它们当中所获得的经验。当然,我们从中得益的那些题目还必须在某些方面和眼前的题目有关。于是就有了这个问题:你知道一道与它有关的题目吗?

要回忆起某些和目前的题目多少有点联系而且以前解过的题目,通常毫不困难。正好相反,我们能找到的这种题目太多,于是在其中选出一道有用的也许会有困难。我们必须搜索一些联系密切的题目;**观察未知量**,或者寻找一道以前解过的题目,这道题目通过**普遍化**、**特殊化**或**类比**和要解的题目相联系。

这里讨论的问题旨在动员我们现有的知识(见**进展与成绩**,1),我们的数学知识中很重要的一部分是以已经证明的定理形式贮存起来的,于是就有这样的问题:你知道一条可能有用的定理吗?当我们的题目是一道"证明题"时,即当我们要证明或推翻一条提出的定理时,这个问题可能特别适合。

画一张图
(*Draw a figure*)

见图形一节。引入适当的符号,见符号一节。

检验你的猜想
(Examine your guess)

你的猜想也许是正确的,但把一个生动的猜想当作已证实的真理则是愚蠢的——原始人类常会这么做。你的猜想可能是错误的。但全然无视生动的猜想同样是愚蠢的——迂腐的老学究似的人有时会这么做。有一种猜想值得检验并认真对待:我们全神贯注地考虑并确切了解真正感兴趣的题目以后所产生的那些猜想。这样的猜想通常至少会包含整个真理的一个片段,当然它们也很少会显示整个真理。然而,如果你对一个猜想进行适当的检验,那么你还是有机会提炼出整个真理来。

许多情况下,猜想结果被证明是错误的,但它对于导致一个更好的猜想还是有用的。除非我们不加鉴别,否则,任何一个想法都不会是没用的。根本没有想法那才是真正糟糕的。

1. 禁忌。这是关于约翰·琼斯先生的一个典型的故事。琼斯先生在一个办公室工作,他曾期望能获得小小的升迁,但正如常常发生的那样,他的期望破灭了。他的一些同事都涨了工资,但他却没有。琼斯先生无法平静地接受这件事,他越来越烦恼,最后怀疑布朗主任应对他的无法升迁负有责任。

我们不能因为琼斯先生抱有这样的怀疑而责怪他。确实有些迹象指向布朗主任。真正的错误在于,在产生了这样的怀疑以后,琼斯先生就对一切指向相反方面的迹象变得盲目了。他固执地相信布朗主任是他的私敌,因而庸人自扰,甚至几乎将这位主任变成他真正的敌人了。

琼斯先生的问题在于,他的举动和我们大多数人一样。他从不改变他的主要看法。他改变次要看法的次数倒不少,而且非常突然;但只要他产生了看法,无论是主要的或是次要的,就对它们毫不怀疑。他从不怀疑、探究或严格地检验它们——他将尤其痛恨严格的检验,如果他明白它意味着什么。

我们承认,琼斯先生在一定程度上是无可非议的。他是一个大忙人,他在办公室和家里都有他的职责,几乎没什么时间来质疑或检验。他最多只能检验他的某几个信念，而如果他没有时间检验这种怀疑，那么他又何必要怀疑呢？

然而，还是不要像琼斯先生所做的那样。不要让你的怀疑、猜想或臆测不加检验地得以膨胀，直至它变得根深蒂固。无论如何，从理论上说，最好的念头会因不加鉴别的接受而受损，却会因严格的检验而茁壮。

2. 一个数学例子。在所有周长一定的四边形中，求面积最大的那个四边形。

未知量是什么？一个四边形。

已知数据是什么？给定的四边形的周长。

条件是什么？要求的四边形比有相同周长的其他四边形的面积都大。

这个题目和通常的初等几何题目很不相同，因此从猜测开始就很自然了。

怎样的四边形可能会有最大的面积？最简单的猜想是什么？我们可能听到过，所有周长相同的图形中圆的面积最大。我们甚至可以对这一陈述的合理性推测出某些理由来。那么，怎样的四边形最接近于圆呢？怎样的四边形在对称性上更接近于圆呢？

一个相当显而易见的猜测是正方形。如果我们认真对待这个猜测，那就该明白它意味着什么。我们应该有勇气申明："在所有周长给定的四边形之中，正方形的面积最大。"如果我们决定要亲自来检验它，情况就改变了。原先我们有一道"求解题"，而在系统地陈述了我们的猜测以后，就有了一道"证明题"。我们必须证明或推翻所陈述的这一定理。

如果我们不知道以前解过的哪个题目和现在要解的题目相似，我们就会发现任务变得相当棘手了。如果你不能解所提的题目，先尝试去解某道相关的题目。你能解出这道题目的一部分吗？我们可能会想到，如果正方形在四边形中是特殊的，那么根据同一事实，它在矩形中也必定是特殊的。如果我们能证明下面这个命题："在所有给定周长的矩形中，正方形的面积最大。"题目的一部分就已经解决了。

这条定理看上去比前面那条定理容易着手，当然它也更弱一些。不管怎么说，我们都应该理解它意味着什么，应该有勇气更详细地重新叙述它。我们用代数的语言来重新叙述会很有好处。

两条邻边分别为 a 和 b 的矩形的面积为 ab，它的周长是 $2a+2b$。

和上述矩形周长相等的正方形的边长为 $\frac{a+b}{2}$。那么，这个正方形的面积就是 $\left(\frac{a+b}{2}\right)^2$。它应比矩形的面积大，由此就有

$$\left(\frac{a+b}{2}\right)^2 > ab。$$

这是否正确？这一推断也可写成等价的形式：

$$a^2+2ab+b^2 > 4ab,$$

而这是正确的，因为它和以下两式等价：

$$a^2-2ab+b^2>0$$

或

$$(a-b)^2>0。$$

这个不等式必定成立，除非 $a=b$，此时我们检验的矩形就变成了一个正方形。

我们的题目还没有解决，但正是通过正视那个相当明显的猜测，我们已经取得了一点进展。

3. 一个非数学例子。某个纵横字谜游戏中，我们要猜一个由七个字母组成的单词，谜面是："Do the walls again, back and forth.（重新砌墙，向前和向后。）"[4]

未知量是什么？一个单词。

已知数据是什么？单词的长度已知，它由七个字母组成。

条件是什么？谜面中已经陈述了，和墙有点关系，但还是很含糊。

那么，我们就要重新检验谜面。在这样做的时候，它的最后一部分可能会引起我们的注意："...again, back and forth."（重新，向前和向后。）你能解决这道题目的一部分吗？这里有机会猜出这个单词的开头部分。既然它如此强调重复，这个单词很可能是以"re"开头。这是一个相当显而易见的猜测。如果我们希望能相信它，就应该理解它意味着什么。要找的

单词看起来很可能是这样的：

RE_ _ _ _ _

你能检验这个结果吗？如果这个字谜游戏中另有一个单词与我们刚才考虑的词在第一个字母上相交，这另一个单词就以R开头。我们转向这个单词并检验R，也许是个好主意。如果我们能证明这个R，或者至少找不到什么理由能推翻它，我们就回到原来的单词上来。我们再问一次：条件是什么？当我们重新研究谜面时，最后那个部分也许还是会引起我们的注意："...back and forth"（向前和向后），这是否暗示我们要找的这个单词不单可以顺着读，还可以倒着读？这个猜想就没有那么显而易见了。（不过有这样的例子，见**分解和重组**，8。）

不管怎么说，让我们来面对这个猜测，理解它意味着什么。这个单词可能是这样的：

RE_ _ _ER

此外，第三个字母应该与第五个相同，它很可能是一个辅音字母，而第四个即中间的字母是一个元音字母。

现在读者很容易就能自己猜出这个单词了。如果还不行的话，他可以把所有的元音字母都一个一个地试过来，寻找中间的那个字母。

图　形
(*Figures*)

图形不仅是几何题目的对象，而且对任何一开始跟几何没什么关系的题目，图形也是一个重要的帮手。那么，我们就有下面两个很好的理由来考虑图形在解题中的作用。

1. 如果我们的题目是一道几何题，我们就必须考虑一个图形。这个图形也许存在于我们的想象中，也许画在纸上。在某些情况下，想象一下这个图而不把它画出来也许更令我们称心，但是如果我们必须一个接一个地研究各方面的细节，那么此时可取的做法就是画一张图。如果有很多细节，我们不可能同时想象所有的细节，但它们却能一起出现在纸上。在我们想象中描绘出来的一个细节可能被遗忘，但画在纸上的细节会保存下来，而且当我们再看这个图时，它能使我们想起以前的见解，在回忆以前的考虑时，它会省去我们很多麻烦。

2. 现在我们来特别考虑图形在几何作图题中的应用。

我们对这样一道题目的详细考虑从画一个包括已知数据和未知量在内的图形开始，所有这些元素都根据题中条件的规定集合起来。为了清楚地理解题目，我们必须单独地考虑每一个已知量和条件的每一个部分，然后再重新把各个部分组合起来，并从整体上考虑条件，尝试着同时注意题目要求的各种联系。如果不在纸上画一张图，我们几乎是不可能处理、分解和重组所有这些细节的。

另一方面，在我们明确地解出该题之前，是否可以画出这样一张图还根本拿不准。题中提出的整个条件都可能满足吗？在得出明确的解答以前，我们还无权做出肯定的回答。尽管如此，我们还是从假定有一张图形开始，在图中未知量和已知数据按照条件的规定联系起来。看来在画这张图的时候，我们已做出了一个无根据的假设。

不，不是的。并非一定这样。只要我们没有把只不过可能发生与必然发生混淆起来，那么在检验题目时考虑存在这样一个对象（它满足未知量要求的条件，并和所有已知量之间具有要求的关系）的可能性的这种做法就并没什么不当之处。只要一个法官在审问被告时没有陷入自己的假设,那么他在审问时假设被告犯了正被怀疑的罪也并无不当。数学家和法官都可以不带偏见地去检验一种可能性,只要他们把决断推迟到检验得出有某种确定的结论后才去做。

对一道作图题的检验先从画一张或许能满足条件的草图开始,这种方法可回溯到希腊几何学家那里。帕普斯的一句短小而且有点难以理解的名言暗示了这一点:*假设要求做的事情已经做好了*。下面这条建议虽不那么简明,但更为清晰:*画一个假设的图形,假定它的各个部分都满足题目的条件*。

这个建议是针对几何作图题的,但事实上,我们并不必要局限于某一特定类型的题目。我们可以把这一建议以下面这种通用的形式推广到所有的"求解题":*检验一种假定的情况,希望这种情况能完全满足题目的条件*。

试与**帕普斯**,6作比较。

3. 让我们来讨论实际作图中的几点情况。

(Ⅰ)我们应该画精确的图形还是近似的图形?用工具画还是徒手画?

这两种图都有其长处。精确的图形在几何中的作用原则上就如同物理中的精确测量。但在实际中,精确的图形不如精确的测量那么重要,因为与物理定律相比,几何定理得到了更彻底的证实。不过,初学者还是应该尽可能精确地画许多图,以获得一个良好的试验基础;精确的图形还可深化定理。然而,如果为了推理的目的,徒手仔细画出的图形通常已经足够好了,而且画起来速度也快得多。当然,图形不能看起来很荒谬,应该直的线不能弯,称作圆的东西看上去不能像个土豆。

一张不太精确的图偶尔会导致错误的结论,但这种危险并不大,而且我们可以通过多种方法来避免这种危险,特别是通过改变图形。如果我们集中注意力于那些逻辑联系,并意识到图形仅是一种辅助的工具,而绝不是做出结论的基础,那么就完全不会有危险。逻辑的联系构成了真正的基础。[一些著名的悖论可以有教益地表明这一点,它们往往巧妙地利用了图形中故意画得不精确的地方。]

(Ⅱ)重要的是元素必须按照要求的关系组合起来,而按照什么次序来画并不重要。因此,可以选择一种最方便的次序。例如,你想要画两个角α和β,并使$\alpha = 3\beta$,以此来说明三等分的概念。若从一个任意角α开始,那么你就不可能用直尺和圆规来作出角β。因此,如果你选择从一个比较小的但又是任意的角β开始,再画α就比较简单。

(Ⅲ)你不能在图形中给出任何不恰当的特殊化。图形的各部分之间不能呈现题目未作要求的明显联系。如非必要,各条线段看起来不应相等或垂直;题目如无要求,三角形看上去不应具有等腰或直角这些属性。三内角分别为45°、60°、75°的三角形,无论与等腰或直角三角形都是"相差最远"的,这是就这个词的准确意义而言的。[5] 如果你想考虑一个"一般的"三角形,就画这样一个三角形,或者与它差不多的一个三角形。

(Ⅳ)为了强调不同线段的不同作用,你可以采用粗线条和细线条、实线和虚线,或者不同颜色的线段。在你还没有完全决定是否要把一条线用作辅助线以前,你可以先把它画得很淡。已知的各元素可用红笔来画,重要部分可用其他颜色强调表示,如一对相似三角形等。

(Ⅴ)要说明立体几何,我们是应该使用三维模型呢,还是应该在纸上或黑板上画图?

三维模型当然很称心,但做起来麻烦,买起来又贵。因此,通常我们不得不采取画图的形式,虽然要使它们印象深刻并不容易。对于初学者来说,一种用自制卡纸模型做的实验是很理想的。用我们日常环境中的物体来代表几何概念会有所帮助。这样,一只盒子、一块瓷砖或者教室都可以用来表示长方体;一支铅笔可以表示圆柱;一个灯罩可表示正圆台等等。

4. 画在纸上的图形易画、易看、易记。我们对于平面图形尤其熟悉,关于平面图形的题目特别容易着手。我们可以利用这一优势。如果我们能设法给那些非几何对象找到合适的几何表示的话,那么我们就可以在处理非几何对象时发挥我们处理几何图形的才能。

事实上,各种几何表示、图形和图表应用于各门学科,不仅包括物理学、化学等自然科学,也包括经济学甚至心理学。通过使用一些适当的几何表示，我们试图将一切都用图形的语言来表述，将所有类型的题目都归结为几何题。

这样，即使你的题目不是一道几何题，你也可以尝试画一张图。给你的非几何题找到一个清晰的几何表示，也许是迈向解答的重要一步。

普 遍 化

(*Generalization*)

普遍化是从对一个对象的考虑过渡到对包括此对象在内的一系列对象的考虑,或者是从对一个限定的集合的考虑过渡到对包括这个限定的集合在内的一个更广泛的集合的考虑。

1. 如果我们碰巧遇到下列和数:

$$1+8+27+64=100,$$

也许我们会发现它可表示为下列这种奇妙的形式:

$$1^3+2^3+3^3+4^3=10^2。$$

那么,我们很自然要自问:逐个自然数的立方和

$$1^3+2^3+3^3+4^3+\cdots+n^3$$

是否总是一个平方数? 通过问这个问题,我们就作了普遍化。这是一个侥幸的普遍化,它由一次观察就导向一个著名的普遍规律。在数学、物理学等自然科学中,很多结论都是由于侥幸的普遍化而发现的。见**归纳与数学归纳**。

2. 普遍化也许有助于解题。考虑下面这个立体几何题目:"给定一条直线和一个正八面体的位置。通过给定直线作一个平面平分该八面体的体积。"这道题目看上去很难,但其实只要对正八面体形状有一点点熟悉,就足以提出下面这个更为普遍的题目:"给定一条直线和一个具有对称中心的立体形的位置。通过给定直线作一个平面平分给定立体形的体积。"要求的平面当然要通过此立体形的对称中心,所以由该点和给定的直线共同决定。由于正八面体具有一个对称中心,我们原来的题目也就迎刃而解了。

读者不可能看不到,第二道题目比第一道题目更一般化,但是却比第一道要容易得多。事实上,我们解第一道题目的主要成绩就是创建了第二道题目。通过创建第二道题目,我们认识到了对称中心的作用。我们剖析出了该八面体的这种性质,即它有这样一个对称中心,这对我们手边的这道题目很重要。

越普遍的题目可能越容易解答。这听起来有悖常理，但在看了前面的例子后，这对我们来说就不再荒谬了。解那道特殊题目的主要成就就是创建了这道普遍的题目。在这一主要成就后，剩下的工作只有一小部分了。因此，在本例中，解答那道普遍的题目只是解答那道特殊题目的一小部分。

见**创造者悖论**。

3. "已知棱台底面是一个正方形，棱台下底面边长为10英寸*，上底面边长为5英寸，高为6英寸，求此棱台的体积。"如果用字母，例如用a、b、h来代替数字10、5、6，我们就作了普遍化，得到一道比原题更普遍的题目，即下面这道题目："已知棱台底面是一个正方形，棱台下底面边长为a，上底面边长为b，高为h，求此棱台的体积。"作这样的普遍化可能会很有用。从一道"数字题"过渡到"文字题"，就可以获得新的解题程序，我们可以改变数据，而且这样做了以后，我们就可以用各种方法来检验我们的结论。参见**你能检验这个结果吗？** 2；**变化题目**，4。

* 1英寸=2.54厘米。——译者

你以前见过它吗?

(*Have you seen it before?*)

我们现在要解的题目,很可能以前解过或听到过与之相同的,或者我们曾有过一个十分相似的题目。我们不应该放弃探索所有这些可能性。我们要努力记起曾发生过什么。你以前见过它吗?或者你见过同样的题目以一种稍有不同的形式出现吗?即使回答是否定的,这些问题也能开始调动起有用的知识。

本节标题中的问题常常以一种更为普遍的意义被使用。为了获得解答,我们必须从记忆中提取出相关的元素,必须动用我们蛰伏着的知识中的相关部分(见**进展与成绩**)。我们事先当然不可能知道哪些部分的知识可能有关,但是我们不能放弃探索某些可能性。那么,现在这道题目的任何特征,只要它在解答别的某道题目中起过作用,就可能再起作用。因此,如果要解的题目中有什么特征使我们觉得可能会很重要,我们就尝试去认识它。它是什么?你对它熟悉吗?你以前见过它吗?

这里有一道题目和你的题目有关而且以前解过
(*Here is a problem related to yours and solved before*)

这是一条好消息。一道题目,我们知道它的解答,而且又和我们现在的题目有联系,它当然是受欢迎的。如果这种联系密切,而解答又简单,那就更受欢迎了。这样的一道题目很有可能会有助于解答我们目前的题目。

我们在这里正在讨论的情况既典型,又很重要。为了看得更清楚,我将它与我们在解一道辅助题目时能发挥自己的特长的那种情况相比较。两种情况下我们的目的都是要解答某道题目A,我们都引入并考虑了另一道题目B,以期在考虑这另一道题B中得出某些对解决题目A有用的东西。其区别在于我们与B的关系。在前者中,我们成功地回忆起了一道老题目B,我们知道它的解答,但还不知道怎样利用它;在后者中我们成功地创造了一道新题目B,我们知道(至少是强烈地感觉到)怎样利用B,但还不知道怎样去解答它。我们关于B的困难造成了两种情况下的所有差别。一旦克服了这一困难,我们在两种情况下都可以用同样的方式来利用B。我们可以利用它的结果或者方法(正如在**辅助题目**,3中解释的那样),而且幸运的话,我们可以既利用其结果又利用其方法。在这里考虑的情况中,我们熟知B的解答,但还不知道如何利用它。因此,我们要问:你能利用它吗?你能利用它的结果吗?你能利用它的方法吗?

应用某道以前解过的题目的意图影响到我们对目前题目的考虑。在试图将新旧两道题目联系起来时,我们根据那道旧题目中某些重要元素来为新题目引入一些相应的元素。例如,我们的题目是求给定的四面体的外接球。这是一道立体几何题。我们也许会记起在平面几何中以前解过的一道类似题目:作出一给定三角形的外接圆。然后我们想起,在那道平面几何的旧题目中,我们利用了三角形三边的垂直平分线。于是,尝试在我们现在的题目中引入一些类似的东西也就很合理了。由此,作为相对应的辅助元素,我们可在现在的题目中引入垂直平分四面体各棱的平面。有了这个主意以后,我们根据平面几何中的解答,就能很容易地得出这道立体几何题的类似解答了。

前面那个例子是典型的。考虑以前解过的一道相关题目引导我们引入一些辅助元素，而适当的辅助元素的引入使我们有可能最大限度地利用那道相关题目来解答我们当前的题目。为了达到这样的目的，当我们思考是否有可能去利用一道以前解过的相关题目时，我们就要提出下列问题：*为了有可能应用它，你是否应该引入某个辅助元素？*

*有一条定理和你现在要证的有关，而且以前证明过。*这是上面讨论的变异，在第一部分第19节中有例证。

探 索 法
(*Heuristic*)

探索法也可写成heuretic,或"ars inveniendi",它曾是某个分支学科的名称,但没有清楚地界定过。它属于逻辑学或者哲学,又或者属于心理学,它常常是提纲挈领式地阐述的,很少有详细陈述,而且今天简直已经被遗忘了。探索法的目的是要学习发现和创造的方法和规则。我们可以在欧几里得的一些注释者那里找到这种研究的一些痕迹。在这一方面**帕普斯**的一段文章尤为有趣。在建立起探索法体系方面最著名的尝试当属**笛卡儿**和**莱布尼茨**,他俩都是伟大的数学家和哲学家。**波尔察诺**曾提出了关于探索法的一个著名的详细描述。我们的这本小册子试图以一种现代而朴素的形式来复兴探索法。见**现代探索法**一节。

Heuristic用作形容词时的意思是"启发的"。

探索式论证
（*Heuristic reasoning*）

探索式论证并不是作为最终的严格的论证，而只是暂时的和看似合理的，它的目的是要发现当前题目的解。我们常常不得不采用探索式论证。在我们将要得到完整的解答时，我们应该得到完全的确定性，但在得到确定性以前，我们常常必须满足于一个多少有点看似可信的猜测。在得到最终论证以前，我们可能需要这种暂时性的论证。我们在构建一个严格的证明时需要探索式论证，正如我们建造一栋房子时需要脚手架一样。

见**进展的标志**一节。探索式论证常常建立在归纳或类比的基础上；参见**归纳与数学归纳**及**类比**，8，9，10。[6]

探索式论证本身是好的。但是如果把探索式论证和严密证明混淆起来，那就不好了。而以探索式论证来代替严密证明，那就更糟了。

某些学科的教学，尤其是教工程师和自然科学家微积分时，如果我们能更好地理解探索法的性质，坦率地认识到它的长处和局限，而且如果教科书又能公然提出探索式论证，那么教学就可得到显著改进。一个得体而直接地提出的探索式论证可能会有用，它常常包含了严密论证的某些萌芽，从而能为严密证明做好准备。不过，如果是在游移于不自信和自负之间时作出的含糊不清的探索式论证，那么它更可能是有害的。参见**为什么证明**？

如果你不能解所提的题目
(*If you cannot solve the proposed problem*)

如果有这种情况,别让这种失败太折磨你了,去尝试在某些比较容易获得的成功中得到安慰,先尝试去解某道有关的题目,然后你可能又有勇气再去攻克原来那道题目了。别忘了,人的优势在于:在不能直接越过障碍时会绕过去,在原来的题目看上去不能解时会思考某道适当的辅助题目。

你能否想到一道更容易着手的相关题目?你现在应该创造一道相关题目,而不仅仅是回忆起一道相关题目来。我希望你早已尝试过回答下面这个问题了:你知道一道与它有关的题目吗?

在表中以本节标题开始的那一段中,所有其余的问题都有一个共同的目标:**变化题目**。要达到这一目标有不同的方法,如**普遍化**、**特殊化**、**类比**以及其他**分解和重组**的各种方法。

归纳与数学归纳

(*Induction and mathematical induction*)

归纳是通过观察和组合特殊的例子来发现普遍规律的过程。它在所有科学中都有应用,甚至在数学中也有应用。数学归纳只用于数学,用来证明某种定理。这两个名称之间的联系实在是不适宜的,因为在这两种过程之间几乎没有什么逻辑联系。然而它们之间有一些实际应用上的联系。我们常常同时使用这两种方法。我们将用同一个例子来说明这两种方法。

1. 我们可能碰巧发现:

$$1+8+27+64=100,$$

并且,意识到这些数都可写成立方或平方的形式,我们就可能把上面这个观察到的式子写成一种更有趣的形式

$$1^3+2^3+3^3+4^3=10^2。$$

怎么会有这等事发生?一系列连续自然数的立方和等于一个数的平方,这种情况会经常发生吗?

在问这个问题时,我们就像是一个博物学家,一种奇异的植物或一种奇异的地质构造会给他留下深刻的印象,并使其构思出一个普遍问题。我们的普遍问题是关于连续自然数的立方和:

$$1^3+2^3+3^3+\cdots+n^3,$$

这个问题是由$n=4$的那个"特殊的例子"引出的。

对于我们的问题,我们能做些什么呢?我们能按博物学家们所会做的那样,去考察别的特殊例子。$n=2,3$的特例更为简单,而$n=5$则是接下去的一种情况。为了一致性和完整性,让我们把$n=1$的情况加进去。将所有这些情况整齐地排列起来,就像一位地质学家会把他的某种矿砂的标本排列起来那样,我们就得到下表:

1	=1	$=1^2$
1+8	=9	$=3^2$
1+8+27	=36	$=6^2$

$1+8+27+64 \qquad =100 \qquad =10^2$

$1+8+27+64+125 \qquad =225 \qquad =15^2$

如果认为所有这一些连续自然数的立方和,仅仅是碰巧才等于某个数的平方,那就很难使人相信了。在类似的情况下,博物学家对从以往的特例中获得的普遍规律的正确性基本上是不会怀疑的,普遍规律几乎总是通过归纳来证明的。数学家自然基本上也是以同一方式思考的,但他在表明这一点时却会谨慎得多。他会说,下面的定理是由归纳有力地表明的:

开头n个立方数的和是一个平方数。

2. 我们已经推测到一条不寻常的而且有点神秘的规律。为什么这些相继立方数之和是平方数?但显然,它们是平方数。

在这样的情况下,博物学家会怎么去做?他会继续仔细检查他的猜测。为此,他会遵循不同的研究路线。博物学家可能会进一步积累实验事实。如果我们也想这么做的话,就要检验$n=6,7,\cdots$这些后面的情况。博物学家也可能把引导他做出这种推测的那些观察事实再检验一遍。他将它们仔细地作比较,从中试图理出某种更深刻的规律,以及更进一步的类比。让我们遵循这种研究路线。

我们来重新检验已排列在图表中的$n=1,2,3,4,5$的那些情况。为什么这些和都是平方数?关于这些平方数我们能说出什么?它们的底数是1,3,6,10,15,关于这些底数有什么情况?有没有某种更深刻的规律、更进一步的类比?不管怎么说,它们的增长看上去并非太不规则。它们是怎样增长的?在这个数列中,两个相邻数字之间的差值本身也是增加的:

$3-1=2,\ 6-3=3,\ 10-6=4,\ 15-10=5$。

现在,这些差值明显是有规律的。在这里我们可以发现这些平方数的底数之间呈现出一种惊人的规律性,我们可以看到在1,3,6,10,15这些数字中有一种值得注意的规律:

$1=1$

$3=1+2$

$6=1+2+3$

$$10 = 1 + 2 + 3 + 4$$

$$15 = 1 + 2 + 3 + 4 + 5$$

如果这种规律是普遍的(如果不是,那倒是难以置信的),那么我们所猜测的定理就有了一种更精确的形式,即:

对于$n = 1, 2, 3, \cdots$有

$$1^3+2^3+3^3+\cdots+n^3 = (1+2+3+\cdots+n)^2$$

3. 我们刚才所述的规律是由归纳得出的,发现这一规律的方法告诉我们关于归纳的概念,这种概念必然是片面的、不完整的,但不是歪曲的。归纳试图在观察中发现规律性和一致性。它最显著的手段是普遍化、特殊化、类比。试验性的普遍化从努力理解观察到的事实开始,它以类比为基础,并用更进一步的特例加以检验。

关于归纳,哲学家们多有分歧,我们不再就这一论题作进一步的评论。但应该补充一点的是,许多数学上的结论都是先由归纳得出,然后才得以证明的。严格表述的数学是一门系统的演绎科学,但在形成过程中的数学则是一门实验性的归纳科学。

4. 如同在物理科学中那样,在数学中我们也可以应用观察和归纳来发现普遍规律。但其中有一个差别。在物理科学中,再没有比观察和归纳更高的权威了,而在数学中则存在这样的一个权威:严格的证明。

在做了一段试验性的工作后,可能最好转变一下我们的观点,让我们严格起来。我们已经发现了一个有趣的结论,而引导我们得到它的推理却只是貌似可信的、试验性的、暂时性的、探索式的;让我们尝试通过一种严格的证明把它明确地建立起来。

我们现在就面临了一道"证明题":证明或推翻前面所述的结果(见上文第2点)。

这里作一个小的简化。你们可能知道

$$1+2+3+\cdots+n=\frac{n(n+1)}{2}。$$

无论如何,这是容易证明的。假设有一个矩形,它的两边长分别为n和$n+1$,由一根折线把它分成两半,图18a表示$n=4$的情况,其中每一半都

是“阶梯形”的，它的面积可表示为$1+2+\cdots+n$，对于$n=4$的情况，面积为$1+2+3+4$，见图18b。现在，整个矩形的面积为$n(n+1)$，而其中阶梯形的面积是其一半，这就证明了上面的公式。

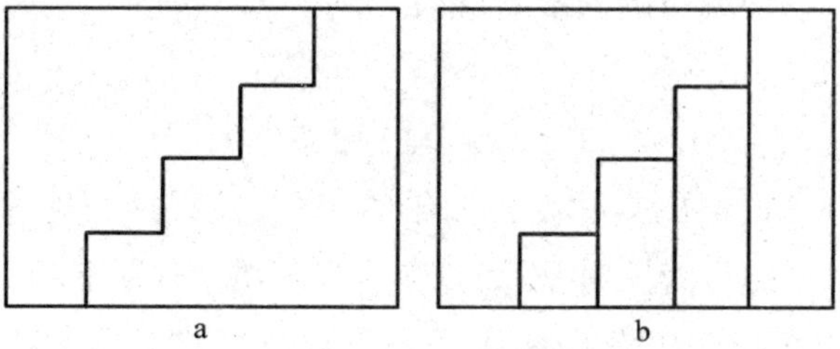

图18

我们可以将由归纳得到的结果改写成下面的形式：

$$1^3+2^3+3^3+\cdots+n^3=\left(\frac{n(n+1)}{2}\right)^2。$$

5. 如果我们不知道怎样证明这一结论，至少可以检验一下。首先我们来验证第一种还没有验证过的情况，即$n=6$的情况，对于这个值，公式成为：

$$1+8+27+64+125+216=\left(\frac{6\times 7}{2}\right)^2,$$

计算以后发现这是正确的，等式两边都等于441。

我们可以更有效地来验证这个公式。这个公式很可能是普遍成立的，即对于任何n值都成立。当我们从一个任意n值再过渡到下一个$n+1$的值时，它仍然成立吗？根据上面的公式，我们也应该有

$$1^3+2^3+3^3+\cdots+n^3+(n+1)^3=\left(\frac{(n+1)(n+2)}{2}\right)^2。$$

现在，要作一个简单的检验：在这个公式中减去上面的公式，我们就得到

$$(n+1)^3=\left(\frac{(n+1)(n+2)}{2}\right)^2-\left(\frac{n(n+1)}{2}\right)^2,$$

而这很容易检验。等号右边可写成：

$$\left(\frac{n+1}{2}\right)^2((n+2)^2-n^2)=\left(\frac{n+1}{2}\right)^2(n^2+4n+4-n^2)$$

$$=\frac{(n+1)^2}{4}(4n+4)=(n+1)^2(n+1)=(n+1)^3。$$

我们由试验发现的公式通过了一次极其重要的检验。

让我们来看清楚这一检验意味着什么。我们确定无疑地证明了

$$(n+1)^3=\left(\frac{(n+1)(n+2)}{2}\right)^2-\left(\frac{n(n+1)}{2}\right)^2,$$

我们不知道

$$1^3+2^3+3^3+\cdots+n^3=\left(\frac{n(n+1)}{2}\right)^2$$

是否正确。但如果我们知道它是正确的,则加上我们刚才确定无疑地证明了的那个等式,就可以推断出

$$1^3+2^3+3^3+\cdots+n^3+(n+1)^3=\left(\frac{(n+1)(n+2)}{2}\right)^2$$

也是正确的。这是对下一个整数$n+1$的同样的推断。现在我们确实知道,我们的推测对于$n=1,2,3,4,5,6$的情况都成立。根据我们刚才所说的性质,既然这个推测对于$n=6$成立,那么对于$n=7$也必成立;既然对于$n=7$成立,那么对于$n=8$也必成立;既然对于$n=8$成立,则对于$n=9$也必成立;依此类推。它对于所有的n都成立,即证明了它是普遍成立的。

6. 前面的证明可在许多相似的例子中作为一种模式。这一模式的主要思路是什么?

我们要证明的论断必须事先以精确的形式给出。

论断必须由一个整数n决定。

论断必须足够“明确”,使得我们有可能验证从n过渡到下一个整数$n+1$时它是否仍成立。

如果我们有效地成功检验了这点,我们就可以应用在检验过程中获得的经验来得出下列结论:只要这个论断对于n成立,则它对于$n+1$也必成立。如果我们能做到这一点,那么我们只要知道此论断对于$n=1$成立就足够了;因为由此可得出它对于$n=2$也必成立;对于$n=3$也必成立等

等。从任意整数过渡到下一个，我们就普遍地证明了这一论断。

人们经常使用这一过程，因此它应该有一个名字。我们可以称它为"从 n 到 $n+1$ 的证明"，或更简单地称它为"过渡到下一整数"。不幸的是，公认的专业术语是"数学归纳法"。这个名字是随便起的。我们要证明的精确论断可能有任何来源，而从逻辑的观点来看，来源是什么并不重要。在许多例子中，正如我们在这里详细讨论的例子，来源就是归纳，论断是以试验性的方式发现的，因此论证就像是对归纳的一个数学补充，这解释了它的名字。

7. 还有另外一点，这一点虽然有些微妙，但对于任何一个想自己去论证的人来说都很重要。在前文中，我们通过观察和归纳先后发现了两条不同的论断，第一条在第1点中，第二条在第2点中，第二条比第一条更精确。运用第二条论断，我们发现一种检验从 n 过渡到 $n+1$ 的可能性，由此我们可以用"数学归纳"找到一个证明。运用第一条论断，而忽略由第二条所添加的精确性，我们就不大可能找到这样的证明。事实上，第一条论断不如第二条那么精确、"明显"、"确凿"，它不及第二条那么易于试验和检查。从第一条过渡到第二条，从不太精确过渡到精确的陈述，是为最后证明所作的一种重要准备。

上述这种情况中有一个矛盾的方面。第二条论断更为有力，它直接蕴含着第一条；反之，多少有点"含糊"的第一条论断则很难包含更为"清晰"的第二条。由此，有力的理论却比比较弱的更容易掌握，这就是**创造者悖论**。

创造者悖论
(*Inventor's paradox*)

越是宏大的计划,越有机会获得成功。

这听起来是矛盾的(paradoxical)。但当我们从一道题目过渡到另一道时,常常会发现新的更宏大的题目要比原题更容易处理。多个问题也许要比一个问题容易回答。较全面的定理可能更容易证明;较普遍的题目可能更容易解答。

如果我们更仔细地看几个例子(**普遍化**,2;**归纳与数学归纳**,7),这一悖论也就消失了。宏大的计划如果不是仅仅基于自负,而是基于洞察了超越那些表面现象的东西,它就更有可能获得成功。

条件有可能满足吗?
(*Is it possible to satisfy the condition?*)

条件是否足以确定未知量?或者它不够充分?或者多余?或者矛盾?

在早期阶段,当这些问题并不需要最终的答案,而只需要一个暂时的答案、一个猜测时,它们常常是很有用的。有关例子见第一部分第8、18节。

能预见到我们所寻求的结果的任何特征都是好的。当我们对于我们能期待的东西有些想法,就会更明白该往哪个方向前进。现在,一道题目的一个重要特征就是它所允许的解的数目。最有意思的就是那些只允许有一个解的题目。我们倾向于仅把有唯一确定解的那些题目看作"合理的"题目。在这个意义上来说,我们的题目是否"合理"呢?如果我们能回答这个问题,哪怕是通过一个看似合理的猜想来回答,那么我们对于这个题目的兴趣就会提高,也就可以干得更好。

我们的题目是否"合理"?在我们开始工作的早期阶段,如果我们能容易地回答这个问题,它就很有用。如果不容易作出回答,我们在回答时遇到的麻烦也许会超过获得的兴趣。对于"条件有可能满足吗?"这个问题以及我们表中其他相关的问题也是如此。当我们的回答容易得出而且看上去合理时,我们就应该提出这些问题;但如果它们看上去难以回答或回答含糊时,我们就不应坚持了。

对于"证明题",此时相应的问题是:命题是否可能成立?或者它是否更可能不成立?提出这个问题的方式清楚地表明了,我们只期望一个猜测,一个看似合理的、暂时性的回答。

莱布尼茨

(Gottfried Wilhelm Leibnitz, *1646~1716*)

莱布尼茨是伟大的数学家和哲学家。他计划写一篇“创造的艺术”,但却从未完成这一计划。然而,分散在他著作中为数众多的片断说明,他对于他常常强调其重要性的这一主题具有一些令人感兴趣的想法。因而,他写道:“没有什么比看到创造的源泉更重要了,在我看来,它比创造本身更有意思。”

引　理
(*Lemma*)

引理的意思是“辅助定理”。这个词源自希腊语,更字面的翻译是“假设的东西”。

我们试图要证明一条定理,比如说是A。我们被引导去猜测另一条定理,比如说是B。如果B是正确的,我们或许就可能应用它来证明A。我们暂时假定B是正确的,把它的证明搁一下,先去证明A。这样的一条定理B是假定的,它对于原来提出的定理A是一条辅助定理。我们这一小段叙述相当典型,并解释了“引理”一词在本文中的意义。

观察未知量
(*Look at the unknown*)

观察未知量,这是一条老建议了,相对应的拉丁格言是:“respice finem”,意思是,盯住目标。记住你的目的,别忘了你的目标。思考你想要的东西。不要忽视你所需要的。记住你要寻求的。观察未知量。观察结论。上面对这一格言的最后两种解释特别适用于数学题目,它们分别适用于“求解题”和“证明题”。

通过把我们的注意力集中于我们的目标之上,把我们的意志集中于我们的目的之上,我们来考虑达到它的方法和途径。获得这一结果的途径是什么?你怎样才能达到你的目的?你怎样才能得到这样一个结果?产生这样一个结果的原因是什么?你在哪里看见过这样产生的一个结果?为了获得这样一个结果,人们通常是怎么做的?并尽量想出一道你所熟悉的具有相同或相似未知量的题目,或者有相同或相似结论的熟悉定理。和前面一样,上面最后两种说法分别适用于“求解题”和“证明题”。

1. 我们将要考虑数学题目,“求解题”,和下面这个建议:尽量想出一道你所熟悉的具有相同未知量的题目。让我们把这个建议和包含在下面这个问题中的建议作比较:你知道一道与它有关的题目吗?

后面这种建议比前一种更加普遍。如果一道题目和另一道有关,两者就有某些共同之处,它们可能包含几个共同的对象或概念,或者有几个共同的已知数据,或条件的某一部分,等等。我们的第一种建议强调一个特定的共同点:两道题目应有相同的未知量。这也就是说,两道题目中的未知量都应该是同一类的对象,比如在两题中都是一条直线段的长度。

与普遍的建议相比,特定的建议有一些实惠。

第一,我们可以在陈述题目方面节省一些精力。我们不必马上就去看整个题目,而只要看着未知量。题目呈现给我们的是下面这种简略的形式:

“已知……,求该线段的长度。”

第二,在作选择方面有些实惠。可能有许许多多题目和所提出的题目有关,和它有这样或那样的共同点。但是观察未知量,就限制了我们的选择。我们只把有相同未知量的那些题目考虑在内。当然,在那些有相同未知量的题目中,我们又首先考虑最基本的和我们最熟悉的那些。

2. 我们眼前的题目有这样的形式:

"已知……,求该线段的长度。"

现在这一类型中最简单也最熟悉的题目是关于三角形的:给定一个三角形的三个组成部分,求它的一边长。记起了这个,我们就找到了某些可能有关的东西:*这里有一道题目和你的题目有关而且以前解过。你能利用它吗?你能利用它的结果吗?*为了应用有关三角形的一些熟悉的结果,我们的图形中必须有一个三角形。图中有三角形吗?或者我们是否应该引入一个,以期能得益于那些熟悉的结果?*为了有可能利用它们,你是否应该引入某些辅助元素?*

有几个简单的题目,它们的未知量是一个三角形的边。(它们彼此的区别在于已知数据不同,可能给定两个角和一条边,或者是两条边和一个角,而这个角对于给定两边的位置也可能不同。所有这些问题对于直角三角形尤为简单。)我们全神贯注于我们面前的题目,试图找出我们应该引入哪一种三角形,哪一道以前解过的题目(和我们面前这道题目有相同的未知量)能最方便地适用于我们现在的目的。

在引入了一个合适的辅助三角形后,可能会发生的是,我们仍然不知道它的三个组成部分。然而这并不是绝对需要的,如果我们预见到遗漏的部分可以以某种方式得到,我们就已经取得了重要的进展,有了一个解题的方案。

3. 实质上,前面(1和2中)所概述的过程在第一部分第10节中举例说明了(其中的例子由于学生的迟钝而讲得有些含糊不清)。要增加许多相似的例子也根本不难。事实上,几乎所有在低年级中常常提出的"求解题"的解答都可以由恰当地应用下面这个建议开始:*尽量想出一道你所熟悉的具有相同或相似未知量的题目。*

我们必须以图表的方式提出这类题目,并首先观察未知量:

(1) 已知……,求该线段的长度。

（2）已知……，求此角。

（3）已知……，求此四面体的体积。

（4）已知……，在图中作出此点。

如果我们在处理初等数学题方面有一定的经验，就能很快回忆起某道简单而且熟悉的题目，或者是一些有相同未知量的题目。如果所提的题目不是这些简单的熟悉的题目之一，我们自然会尝试去利用我们熟悉的东西，并得益于这些简单题目的结果。我们试图在题目中引入某种有用而熟知的东西，这样做就使我们可能有了一个良好的开端。

上面所述的四种情况中，都有一个明显的计划，对于以后的求解过程有一个看似可信的猜测。

（1）未知量应该作为某个三角形的一条边而求得。还需要引入一个由三个已知的或容易求得的部分组成的合适的三角形。

（2）未知量应该作为某个三角形的一个角而求得。需要引入一个适当的三角形。

（3）如果四面体的底面积和高已知的话，就能求出未知量。需要找到一个面的面积和相应的高。

（4）未知量应该作为两条轨迹的交点而求得，每条轨迹要么是一个圆，要么是一条直线。需要从已知条件中清理出这样的轨迹。

在所有这些情况中，解题方案都由一道有相同未知量的简单题目和希望应用它的结果或方法的要求而得到提示。将这样一个方案继续下去，我们当然可能会碰到一些困难，但我们有了某个开始工作的念头，这就是一个很有利的条件了。

4. 如果没有一道以前解过的题目，它和所提的题目有相同未知量，那么我们就没有上面所述的这种有利条件了。在这种情况下，要解决所提的题目就困难得多。

"已知一个球的半径，求它的表面积。"这道题目是由阿基米德（Archimedes）解决的。几乎没有什么更为简单的题目和它有相同的未知量，当然也就没有这样一道较简单的题目可供阿基米德利用。事实上，阿基米德的解答可以认为是最显著的数学成就之一。

“已知一个四面体的六条棱，求它的内接球的表面积。”如果我们知道阿基米德的结果，那么我们并不需要阿基米德那样的天才就可以解决这道题目；要做的就是把这个内接球的半径用该四面体的六条棱表示出来。这不太容易，但这种困难无法和阿基米德的题目相比。

知道还是不知道一道以前解过的有相同未知量的题目，也许这就构成了一道容易的题目和一道难题之间的全部差别。

5. 如我们刚才所说，阿基米德在求球的表面积时，并不知道任何以前解过的有相同未知量的题目。但他知道各种以前解过的有着相似未知量的题目。有一些曲面的面积比球面积容易求出，它们在阿基米德时代就已经为人们所熟知了，如正圆柱体、正圆锥体和正圆台的侧面积。我们可以肯定，阿基米德仔细地考虑了这些简单而相似的例子。事实上，在他的解答中，他作了一个近似，把球作为由两个圆锥和几个圆台组合而成（见**定义**，6）。

如果我们找不到一道和我们眼前的题目有相同未知量的以前解过的题目，我们就尝试去找一道有相似未知量的题目。与前面的这种题目相比，后面的这种题目与我们眼前的题目的联系没那么紧密，因此一般来说，也比较不易为我们所提出的题目所利用，但它们仍然可能成为有价值的向导。

6. 我们就“证明题”再加几条说明，它们和前面对于“求解题”的一些更为广泛的评注相类似。

我们必须证明（或推翻）一个清楚陈述的定理。任何一个以前证明过的定理，只要它和我们眼前要证的定理有关，它就有机会提供帮助。然而我们可能期待的是那些和我们眼前的定理有相同结论的那些定理所能提供的最直接的帮助。知道了这个，我们观察结论，也就是说，我们在考虑这个题目时着重在结论上。一种观察该定理的方式可以写成下面的形式：

“如果……，那么这些角相等。”

我们把注意力集中在我们眼前的这个结论上，并试图想起一条有相同或相似结论的熟悉定理。特别是，我们试图想起这样类型的一些十分简单而熟悉的定理。

在我们的例子中，有各种类型的定理，我们也许会回忆起下面这条："如果两个三角形全等，则其对应的角相等。"这里有一条定理和你要证的定理有关，而且以前已证明过了。你能应用它吗？为了有可能应用它，你是否应该引入某个辅助元素？

遵照这些建议，并尝试判断我们回忆起的定理所能够提供的帮助，我们也许会构思出这样一个方案：让我们尝试通过三角形全等来证明题中的这些角相等。我们意识到，必须引进一对包含这些角的三角形并证明其全等。这样的一个方案对于开始工作肯定是好的，它也可能最后导致我们所要的目的，如第一部分第19节所述。

7. 让我们总结一下。回忆起那些以前解过的有相同或相似未知量的题目（以前证明过的有相同或相似结论的定理），我们就有很好的机会从一个正确的方向开始，并且可能会构思出一个解题方案。在低年级最为常见的那些简单情况下，具有相同未知量的最基本的题目（具有相同结论的最基本定理）通常就已经足够了。试图回忆起有相同未知量的题目是一种显而易见的常识性的方法（与第一部分第4节中关于这方面的叙述作比较）。然而相当令人惊奇的是，这样一种简单而有用的方法并不普遍为人所知，作者倾向于认为，以前甚至没有对它以充分的普遍性叙述过。在任何情况下，无论是学数学的学生还是教数学的教师都不能忽视正确地使用下面的建议：观察未知量！并尽量想出一道你所熟悉的具有相同或相似未知量的题目。

现代探索法
(*Modern heuristic*)

现代探索法力求理解解题的过程，尤其是在这一过程中典型有用的思维活动。它有各种信息来源，任何一种都不能忽略。认真地研究探索法应该将逻辑和心理背景都考虑在内，不应忽略诸如帕普斯、笛卡儿、莱布尼茨和波尔察诺这些古老的作者就这一主题所说的话，但最不应忽视不带偏见的经验。解题的经验和观察别人解题的经历，都必须成为建立探索法的基础。在这一研究中，我们不应忽略任何类型的题目，应该找出处理所有这类题目的方法中的共同特征。我们应该把目标放在独立于题目内容的普遍特征上。探索法的研究具有"实践的"目标：对解题中典型有用的思维活动有一个更好的理解会对教学，尤其是数学教学产生良好的影响。

本书是实现这一计划的首次尝试。我们将要讨论这一"词典"中的各条文应如何来配合这一计划。

1. 事实上，我们的表是一张在解题中典型有用的思维活动的一览表，表中列出的问题和建议暗示了这种活动。其中一些活动在第二部分中已再次得以叙述，还有一些活动在第一部分中更为彻底地进行了讨论和说明。

要获得关于此表中一些特定问题及建议的补充信息，读者应参照"词典"中的那15条条文，它们的标题就是表中每一段的第一句：**未知量是什么？条件有可能满足吗？画一张图……你能应用这个结果吗？**读者如果希望了解表中某一项的信息，应该看包含该项的那一段的最初几个词，然后在"词典"中查找将那最初几个词作为标题的条文。例如，"回到定义上去"这个建议包含在表中的一段之中，它的第一句是：**你能重新叙述这道题目吗？**在这一标题下，读者会找到一个与**定义**相互参照的条目，在它的释文中这个建议得到解释和说明。

2. 解题的过程是一个复杂的过程，它包括几个不同的方面。"词典"中12条主要的条文花了一定的篇幅来讨论其中的某些方面。我们接下来将会提及它们的标题。

当我们紧张地工作时,我们会敏锐地感觉到工作的进展。当进展迅速时,我们就会兴高采烈;当进展缓慢时,我们就会情绪低落。在解题中对**进展与成绩**重要的是什么?讨论这一问题的条文常常被“词典”中别的部分引用,因而应该及早阅读。

试图解答一道题目时,我们依次考虑它的不同方面,我们在脑海中不断地把它们转了一遍又一遍。**变化题目**对我们的工作是必要的。我们可以通过**分解和重组**题目的元素,或者通过回到它的某些术语的**定义**上去,或者我们还可以应用**普遍化**、**特殊化**和**类比**的丰富来源来变化题目。题目的变化会将我们引导到**辅助元素**,或者引导我们发现一个更容易着手的**辅助题目**。

我们必须仔细地区分两类题目:**求解题**、**证明题**。我们的表特别适用于“求解题”。为了使它也适用于“证明题”,我们必须对它加以修正并改变它的一些问题和建议。

在各类题目中,尤其是在并不太简单的那些数学题目中,合适的**符号**和几何**图形**是一种很好的且常常不可缺少的帮手。

3. 解题过程有很多方面,但其中一些在本书中根本未加考虑,还有一些则十分简略。在第一次简短的阐述中,不去讨论那些看起来太细微,或是太专业,又或是太有争议的内容,我认为是很合理的。

虽然在发现解答的过程中,暂时性的、仅仅看似可信的**探索式论证**是很重要的,但你不能把它们作为一种证明。你必须要猜测,但又要**检验你的猜想**。探索式论证的本质在**进展的标志**一节中进行了讨论,而这一讨论还可以再深入下去。

在我们的论题中,考虑某些逻辑模式是很重要的,但明智的做法似乎是不要引入任何专业的条文。只有两条条文是主要致力于心理方面的:**决心**、**希望**、**成功**和**潜意识活动**。还有一个关于动物心理学的附带性说明,参见**倒着干**一节。

我们强调所有类型的题目,尤其是**实际题目**,甚至是**谜语**,都属于探索法的范畴。我们还强调,绝对正确的**发现的规则**已超出认真研究的范围。探索法讨论人类面对题目时的行为,这可能自从人类社会开始以来就一直是流行的,看起来这种古老的讨论的精华都在**谚语的智慧**中保存了下来。

4. 本书将一些关于特殊问题的条文也包括在内,还对一些关于更普遍的方面的条文作了展开,这是因为学生或教师可能对它们或它们的一部分有特殊兴趣。

有些讨论方法论的条文在初等数学中常常是很重要的,如**帕普斯**、**倒着干**(在第3点中已引述)、**归谬法与间接证明**、**归纳与数学归纳**、**建立方程**、**量纲检验**以及**为什么证明?** 一些条文更主要是为教师提出的,如**常规题目**和**诊断**。另一些则是为比一般学生更有雄心的那些学生提出的,如**聪明的解题者**、**聪明的读者**及**未来的数学家**。

这里不妨提出,在第一部分第8、10、18、19、20节和"词典"的各条文中所给出的师生间的对话,不仅可作为试图导引他的班级的教师的范例,也可以指导自学的解题者。把思索过程描述为"心灵对话",作为思考者和他自己进行的一种对话,并无不适宜之处。问答式的对话说明了解题的进展。和自己对话的解题者,也可以遵循相似的思路来获得进展。

5. 我们不打算再去详尽阐述其余的标题,将只提到其中的几组。

有些条文包含对我们的主题的历史的说明,如**笛卡儿**、**莱布尼茨**、**波尔察诺**,如**探索法**、**新旧术语**和**帕普斯**(这最后一个在第4点中已经引述过了)。

有一些条文解释专业术语:**条件**、**推论**、**引理**。

一些条文只包含了相互参照的索引(它们在目录中以符号"*"标注)。

6. 探索法的目的在于普遍化,在于对一些过程的研究,它们独立于题目内容并能应用于所有类型的题目。然而本书的阐述中所援引的例子,几乎毫无例外地仅限于初等数学题目。不能忽视,这是一个局限,但是我们希望这一局限性不会严重削弱我们研究的倾向性。事实上,初等数学题目提供了我们想有的一切可能性,而研究它们的解答会特别容易着手,也特别有趣。而且,非数学的题目虽然很少引用来作为例子,但我们却从未完全遗忘它们。比较高深的数学题目完全没有直接引用，但它们构建了本书说明的真正背景。对这类研究有兴趣的数学专家很容易就能根据他自己的经验添加例子来阐明这里用初等的例子说明的各论点。

7. 本书作者希望说明，近代几位有关著作的作者使他受惠良多，他为此感激涕零。他们的名字未被列入"探索法"的条文中。他们是：物理学家和哲学家马赫（Ernst Mach）、数学家阿达玛（Jacques Hadamard）、心理学家詹姆斯（William James）和科勒（Wolfgang Köhler）。作者还希望援引心理学家邓克尔（K.Dun~cker）和数学家克劳斯（F.Krauss）的著作，后者的著作（发表于他的研究取得相当进展之后，而且仅部分发表）作出了某些与本书相似的说明。

符 号
(*Notation*)

如果你想认识一个精心挑选出来并广为人知的符号的优越性，你可以试着将几个不太小的数字相加，条件是不准使用你熟悉的阿拉伯数字，尽管如果你愿意的话，可以用罗马数字来写，例如取数字 MMMXC、MDX-CVI、MDCXLVI、MDCCLXXXI、MDCCCLXXXVII。

我们很难高估数学符号的重要性。使用十进制符号的现代计算者比古代的计算者要优越多了，当时他们没有这样一种便利的记数方法。一个普通的学生，如果他熟悉通常的数学符号、解析几何和微积分学，那么他在解决曾经考验阿基米德的天才的关于面积和体积的题目方面，就具有比古希腊数学家大得多的优势了。

1. 说和想是紧密联系的，文字的使用有助于思维。某些哲学家和语言学家还更深入了一步，并断言文字的使用对于运用推理是不可缺少的。

然而后面这个断言看上去有点言过其实。如果我们有一点认真的数学工作经验，我们就可知道我们可以不用任何文字而只是看着几何图形或者运用代数符号进行一项相当费力的思考。图形和符号与数学思维紧密联系，它们的使用有助于思维。我们通过把文字和其他类型的符号配合起来使用，并认为符号的使用对于运用推理看起来是不可缺少的，这样就可以将哲学家和语言学家提出的多少有点狭隘的断言加以改进。

无论如何，数学符号的使用和文字的使用是相似的。数学符号就好像是一种语言，“une langue bien faite”(一种构造得很好的语言)，它简明而准确，它的规则与通常的语法不同，其中不允许有任何例外。

如果我们接受了这种观点，则**建立方程**就好像是一种翻译，将普通的语言翻译成用数学符号表示的语言。

2. 一些数学符号(如+、-、=及其他几个)都具有固定的传统意义，但另外一些符号，如小写及大写的拉丁字母和希腊字母则在不同的题目中按不同的意思使用。当我们面对一道新的题目时，必须选择某些标记，我们必须引入适当的符号。这与通常的语言的使用有些相似之处。许多词在不同的上下文中用以表示不同的意思。在精确性很重要的时候，我们就必须小心地选择我们的用词。

解题中的一个重要步骤是选择符号。这必须小心进行。我们现在在选择符号上所花的时间，可能在以后由于避免了犹豫和混淆而节省下来的时间中得到充分的补偿。此外，在小心地选择符号时，我们必须敏锐地思考题目中需要用符号指示的那些要素，这样，选择适当的符号就可能会从本质上促进对题目的理解。

3. 一个好的符号必须是毫不含糊、富有意义、便于记忆的；它应避免有害的双重意义而利用有用的双重意义；符号的次序和彼此联系必须表明事物之间的次序和联系。

4. 标记首先必须要*毫不含糊*。在同一问题中用同一个标记表示两种不同对象是不允许的。如果在解一道题目时，你把某一个量称为 a，那么就应避免把与同一道题目有关的别的什么叫作 a。当然，在另一道题目中，你可以用字母 a 来表示另一种不同的意思。

虽然用同一个符号来表示不同的对象是不允许的，但是用不同的符号来表示同一对象却是可以的。因此，a 和 b 的乘积可以写成

$$a\times b,\quad a\cdot b \text{ 或 } ab。$$

在某些情况下，用两种或更多的不同符号来表示同一对象是有益的，但这样的情况需要特别小心。通常最好还是只用一种符号来表示一个对象，不管在什么情况下都不允许滥用好几个符号。

5. 一个好的标记应该*便于记忆*、便于辨认。标记应该能使我们马上想到它表示的对象，而对象则能使我们想到标记。

一种使标记便于辨认的简单策略是用单词的*首字母*来作为符号。例如，在第一部分第20节中，我们用 r 来代表速率(rate)，t 表示时间(time)，V 表示体积(volume)。然而，我们并不能在所有的情况下都采用首字母，如在第20节中，我们必须考虑一条半径(radius)，但由于字母 r 已经用来表示速率了，就不能再用 r 来表示它。还有其他一些原因也限制了符号的选择，也有另外一些方法使它们易于辨认，下面我们就要讨论这些方法。

6. 符号不仅容易辨认，且当符号的次序和彼此联系表明了对象间的次序和联系时，它们对于我们概念的形成特别有用。我们需要引述几个例子来阐明这一观点。

（Ⅰ）为了表示在题目的概念中相互接近的对象，我们采用字母表中相互邻近的字母。

于是，我们一般用字母表中开头几个字母如a、b、c来表示已知的量或常数，而用字母表中最后几个字母如x、y、z来表示未知的量或者变量。

在第一部分第8节中，我们用a、b、c来表示了一个长方体中给定的长、宽和高。在这种情况下，符号a、b、c要比用首字母l、w、h更可取。在这道题目中三条线段长度起了同样的作用，用连续的字母就强调了这一点。此外，正如我们刚才所说，a、b、c处于字母表的开头，是最常用来表示已知量的字母。在其他一些情况下，如果三条线段长度所起的作用不同，知道哪些是水平的，哪一条是垂直的很重要，那么符号l、w、h也许会更可取。

（Ⅱ）为了表示属于同一类的一些对象，我们常常用同一字母表中的字母来表示一个种类，用不同字母表中的字母来表示不同种类。因此在平面几何中，我们用：

大写的拉丁字母A、B、C……表示点，

小写的拉丁字母a、b、c……表示线段，

小写的希腊字母α、β、γ……表示角。

如果有两个对象属于不同的类别，但它们彼此间又有着特别的联系，而这种联系对我们的题目很重要，我们可以选择各自的字母表中相对应的字母来表示这两个对象，如A和a，B和b等等。一个熟知的例子就是三角形中常用的下列符号：

A、B、C表示顶点，

a、b、c表示边，

α、β、γ表示角。

可以理解为，a是和顶点A相对的边，A点上的角则称为α。

（Ⅲ）在第一部分第20节中，字母a、b、x、y是特别精心挑选的，用以说明它们所代表的元素的性质及相互联系。字母a、b暗示了它们所代表

的量是常量；x、y则代表变量；a在b之前正如x在y之前，说明a和b的关系就如同x和y的关系一样。事实上，a和x是水平的，b和y是垂直的，而且$a:b=x:y$。

7. 符号

$$\triangle ABC \backsim \triangle EFG$$

表示所涉及的两个三角形是相似的。在现代的书籍中，这个公式用以表示这两个三角形相似，各顶点以它们所写的顺序相互对应，A对应于E，B对应于F，C对应于G。在较早的书中，还未引入这一关于顺序的限制条件，读者要确定哪个顶点和哪个顶点相对应，就必须看着图或记住它的推导。

现代的符号比以前的要好得多。采用现代的符号，我们不用看图形就可以从表达式中得出结论。由此，我们得出：

$$\angle A=\angle E,$$
$$AB:BC=EF:FG,$$

以及其他一些此类的关系。较早的符号表达的内容比较少，也不能给出如此确定的结果。

一个比其他符号表达更多内容的符号，可以称之为更富有意义的。三角形相似性的现代符号，就比以前的那个更富有意义，它比原来的符号更充分地表达了事物间的次序和联系。因此，与以前的符号相比，以它为基础就能得到更多的结果。

8. 词语具有双重含义。如果一个词经常在某些上下文中使用，这些上下文就会对它产生影响，并在它的基本意义中添加一些东西，一些细微的差别，或者双重意义，又或者“言外之意”。如果我们写作时小心，就要在那些几乎具有相同含义的词语中选出其第二重含义最为贴切的那个。

在数学符号中也有一些相似的情况。即使是数学符号也可能从经常使用它的上下文中获得一种双重含义。如果我们小心地选择我们的符号，就必须将这种情况考虑在内。让我们来说明这一点。

有一些字母已具有根深蒂固的、传统的含义。比如，e通常表示自然对数的底；i表示$\sqrt{-1}$，即虚数单位；而π则表示圆周长与其直径的比。

总的来说，还是只在这些传统含义上来使用它们比较好。如果我们将这样一个符号用作表示别的意义，那么它们的传统含义偶尔会产生干扰并造成麻烦，甚至会起误导作用。确实，这类有害的第二重含义给还没学过多少科目的初学者带来的麻烦，会比给应具有处理这种麻烦的丰富经验的数学家带来的麻烦要少。

如果我们机智地使用符号的双重含义，它们也可能有用，甚至可能非常有用。一个以前曾用过的符号可以帮助我们回忆起某个有用的程序。当然，我们应当非常小心地将这个符号现在的(主要)含义和它以前的(次要)含义清楚地分辨开来。一个固定符号[如我们在前面6(Ⅱ)中提出的，用以表示三角形各部分的传统符号]具有很大的优越性。由于在以前多次用到过，它可以帮助我们回忆起多种以前用过的程序。我们记忆公式也是以某种固定符号的形式。当然，当我们由于一些特殊情况，不得不采取一种与通常有些不同的意思来使用一个固定符号时，就应当非常小心。

9. 当我们必须在两个符号之间作选择时，也许这个有道理，另外一个也有理由。我们需要凭借经验和爱好来选择比较合适的符号，正如我们需要凭借经验和品味来选择比较合适的用词一样。然而知道前面所讨论的各种利弊还是有好处的。不管怎么说，我们应当仔细地选择我们的符号，并应有某种充足的理由来支持我们的选择。

10. 不仅是班里最不可救药的男孩，还包括相当聪明的学生，都可能对代数有点讨厌。对符号总是存在一些专断的、人为的成分，学习一个新的符号对于记忆是一种负担。一个聪明的学生要是看不到这样做会有什么好处，他就会拒绝承受这种负担。如果一个聪明的学生没有足够的机会通过自身的经验来使自己相信，数学符号组成的语言有助于思维，那么他对代数的这种反感是无可非议的。帮助他获得这样的经验是教师的一项重要任务，是他最为重要的任务之一。

我说这是一项重要的任务，但我没有说它容易做到。前面的一些说明可能会有所帮助，另外还可参见**建立方程**一节。我们推荐通过广泛地讨论一个公式的性质来对它进行检验，将这一过程作为一种特别具有启发性的练习，参见第一部分第14节和**你能检验这个结果吗？**2。

帕 普 斯
(Pappus)

帕普斯是一位重要的希腊数学家,生活在公元300年前后。在帕普斯的《文集》(Collectiones)的第七卷中,他谈到了一个学科分支,他称之为"*analyomenos*",我们将这个名字翻译过来就是"分析的宝库"或是"解题的艺术",甚至也可以叫作"探索法"。最后一个名称在这里似乎更合适。很容易找到帕普斯作品的一本很好的英文译本。[7]下面的几段是从他的原文大致翻译过来的。

"简言之,所谓的探索法就是一种学说的特殊部分,供那些已经学习了通常的《几何原本》并希望获得解数学题的能力的人所用,而且它也只对此有用。这是下列三个人的工作成果:《几何原本》的作者欧几里得、佩尔加的阿波罗尼奥斯(Apollonius of Perga),以及老阿里斯泰奥斯(Aristaeus the elder)。探索法教授的是分析和综合的程序。

"在分析中,我们从要求的东西开始,先假定它成立,并从中得出某些结论,从这些结论中又得出另一些结论,直到我们得到可以作为综合的起点的那个点。因为在分析中,我们假设要求做的事情已经做好了(要寻找的已经找到了,要证明的已经证明了)。我们研究要求的结论可以根据什么前提得出,然后我们再研究那个前提又是根据什么前提得出的,等等,这样从前提过渡到前提,直到最后我们遇到了某些已知的或者公认为正确的东西。这一过程我们称之为分析,或者叫倒过来解,也可以叫回归论证。

"但是在综合中,要把这一过程反过来,从我们在分析中最后到达的点开始,从已知的或公认正确的东西开始。我们由它推导出在分析中先于它的东西,并继续推导,沿着我们的步骤回溯上去,我们最终成功地到达了我们要求的东西。这一过程我们称之为综合,或者构造性求解,也可以叫作前进论证。

"现在分析可分为两种:一种是'证明题'的分析,旨在建立正确的定理;另一种是'求解题'的分析,旨在求得未知量。

“如果我们有一道‘证明题’,要求我们证明或推翻一条陈述清晰的定理A。我们还不知道A是正确的还是错误的,但是我们从A导出了另一条定理B,从B又得出另一条C,等等,直到我们碰到最后一条定理L,关于L我们是了解得很清晰的。如果我们的推导都是可逆的,那么由L成立,即可推出A也成立。从L我们可以证明在分析中先于L的定理K,以这种方式继续进行,沿着我们的各步骤回溯上去,由C我们证明了B,由B我们又证明了A,由此我们就达到了我们的目标。然而,如果L是错误的,我们就证明了A也是错误的。

“如果我们有一道‘求解题’,要求我们求出一个未知量x,它满足一个陈述得很清晰的条件。我们还不知道是否有可能满足这样的条件,但是假设存在满足所加条件的量x,我们由它又可以得出另一个未知量y,y必须满足一个相关的条件;然后我们再将y与另一个未知量联系起来,等等,直到遇到最后一个未知量z,我们可以通过某种已知的方法来求得它。如果我们的推导都是可逆的,那么只要确实存在一个z能满足加于其上的条件,那么也就存在一个x能满足最初的条件。我们先求出z,知道了z以后,我们再求出分析中先于z的那个未知量。以这种方式继续进行,沿着我们的各步骤回溯上去,最后知道了y,我们也就得到了x,由此就达到了我们的目标。而如果不存在一个量能满足加于z上的条件,那么关于x的题目也无解。”

我们不应忘记,前面所引的并不是逐字逐句的翻译,而是一个大致的翻译,一种意译。由于帕普斯的文章在许多方面都很重要,所以有必要对在原文和意译之间存在着的许多差别作下列评注。

1. 与原文相比,我们的意译采用了更为明确的术语,并引入了符号A,B,…,L,x,y,…,z,原文中却没有这些符号。

2. 意译中有“数学题”的说法(见第141页,第30行)*,在原文中意指“几何题”。这样做是为了强调帕普斯描述的程序绝不仅限于几何题。事实上,它们甚至不仅限于数学题。由于在这些情况下,由论题的性质带来的普遍性和独立性很重要,因此我们必须用一些例子来做点说明(参见第

* 中译本里见第129页,第10行。——译者

一部分第3节)。

3. 代数说明。求满足下列方程的x值:

$$8(4^x+4^{-x})-54(2^x+2^{-x})+101=0。$$

这是一道"求解题",对于初学者来说不算太简单。他必须要熟悉分析的概念,当然不是熟悉"分析"这个词,而是指熟悉通过反复简化以达到目的的思路。此外,他必须熟悉最简单的几类方程。即使有了一些知识,还需要一个好念头、一点好运气和一点创造性,才能看出:由于$4^x=(2^x)^2$和$4^{-x}=(2^x)^{-2}$,引入

$$y = 2^x$$

可能是有利的。是的,这种代换的确有利,由此我们得到关于y的方程

$$8\left(y^2+\frac{1}{y^2}\right)-54\left(y+\frac{1}{y}\right)+101=0。$$

这看上去比原来的方程要更为简单,然而我们的任务还没有完成,还需要另作一点创造,再进行一次代换

$$z=y+\frac{1}{y},$$

将条件变成

$$8z^2-54z+85=0。$$

假如解题者熟悉二次方程的解法,那么分析到此就结束了。

什么是综合?就是对分析所预见到的可能性一步一步地进行计算。解题者不再需要什么新的念头来做完他的题目,只是在计算各种未知量时需要耐心和注意力。计算的顺序与创造的顺序是相反的,先解出了z $\left(z=\frac{5}{2},\frac{17}{4}\right)$,然后是$y$ $\left(y=2,\frac{1}{2},4,\frac{1}{4}\right)$,最后才是原来要求的$x$ ($x=1, -1, 2, -2$)。综合则根据分析的步骤回溯上去,在本例中,很容易看出这样做的理由。

4. 非数学说明。一个原始人希望渡过一条小溪,但他不能以通常的方法来渡河,因为溪水在昨晚涨了。这样,渡溪就成了一道题目的研究对象,"渡溪"是这道原始题目中的x。这个人可能会回忆起,他以前曾经踏着一棵倒下的树渡过了另外一条溪。他四处寻找一棵合适的倒下的树,

这就构成了他的新未知量y。他找不到合适的树，但是沿着溪流有大量的树长在岸上，他希望其中有一棵会倒下来。他能使一棵树横倒在溪流上吗？这是一个很棒的念头，并且这里又产生了一个新的未知量：他用什么办法可以让这棵树倒下来横架在小溪上呢？

如果我们接受了帕普斯的术语，这一连串的念头应该称之为分析。要是这个原始人成功地完成了他的分析，他可能就成了桥和斧子的发明者。综合又是什么呢？把这些念头付诸行动。综合的最后一个动作就是踏着一棵横倒在小溪上的树跨过溪流。

相同的一些对象充满了分析和综合过程。它们在分析中锻炼人的思维，在综合中锻炼人的体力。分析存在于思维之中，综合存在于行动之中。还有另外一个不同之处在于：它们的次序恰好相反。渡过小溪是分析开始的第一个愿望，而它又是综合结束的最后一个动作。

5. 我们的意译在提示分析和综合之间的自然联系时比原文更加明显一些。讨论了前面这些例子以后，这种联系已经很清楚了。分析自然在先，综合在后；分析是创造，综合是执行；分析是设计一个方案，综合是执行这个方案。

6. 我们的意译保留甚至强调了原文中某些奇特的措词："假设要求做的事情已经做好了，要寻找的已经找到了，要证明的已经证明了。"这是矛盾的；假设要解的题目已经解决了，这难道不是自欺欺人吗？这是含糊不清的；它的意思是什么？如果我们仔细地考虑上下文，并真正尝试去体会我们自己解题的经验，就一定不会对它的意思感到疑惑了。

首先让我们来考虑一道"求解题"。我们把未知量称为x，而已知数据称为a、b、c。"假设题目已经解决了"，意思是假设存在一个满足条件的对象x——也即x与数据a、b、c之间具有条件所描述的那些关系。作这一假设只是为了开始分析，它是暂时性的，也没有什么害处。因为如果不存在这样一个对象，那么不管分析引导我们到任何地方，最终必定会将我们引导到一道无解的题目上，因此也就表明原题目无解。于是，这个假设就是有用的。为了检验所给的条件，我们必须对条件所描述的x和a、b、c之间的关系进行理解，向自己描述，或者在几何上想象它。如果不把x理解、描述或想象为是存在的，我们又怎能做到这一点呢？最后，这一假设是很自然的。我们在第4点评注中讨论其所想所为的那个原始人，他想象自己走在一棵倒下的树上并跨过溪流，远在他确实这么做以前。他将他的题目当做“已经解决了”。

一道“证明题”的目标是要去证明某一个定理A。“假设A成立”这个建议只是鼓励我们由定理A得出一些结论，虽然我们还没有证明它。有某种心理特征或某种哲理观的人可能会怯于从一条未被证明过的定理中得出结论，但这样的人无法开始分析工作。

请与**图形**，2作比较。

7. 我们的意译中两次用到了重要的短语：“如果我们的推导都是可逆的”，见第142页第33行和第143页第14~15行*。这是一个篡改，原文并未涉及此类内容；而在现代，我们已经意识到原文缺少这样一个附加条件，并提出了批评。见**辅助题目**，6中“可逆约简”这一概念。

8. “证明题的分析”在我们的意译中的解释和原文中所用的措辞相当不同，但在意义上并没有改变。无论如何，我们没有改变它的意图。然而，对“求解题”的分析，意译中的解释要比原文中更为具体。原文似乎旨在描述一种比较普遍化的程序，即建立一条等价辅助题目链，这在**辅助题目**，7中已经叙述过了。

9. 许多几何的基础课本在分析、综合和“假设题目已经解决”方面作了一些说明。毋庸置疑，这个近乎根深蒂固的传统应追溯到帕普斯，虽然目前几乎没有哪位通用教科书的作者表示出了他对帕普斯有什么直接的了解。这个主题很重要，应当在基础课本中提出，但却很容易产生误解。它仅限于几何学的教科书，这一情况本身就说明目前对它缺乏理解，参见上文的第2点评注。如果上面这些评注对于理解这个问题有所帮助的话，它们占这么多篇幅就有充分的理由了。

关于另一个例子、另一种观点以及更深入的说明，见**倒着干**一节。

也可以与**归谬法与间接证明**，2中所述的内容作比较。

---

* 中译本里见第130页第4行和第14行。——译者

拘泥与变通
(*Pedantry and mastery*)

拘泥与变通是对待规则的两种截然相反的态度。

1. 不折不扣地、刻板地、不加怀疑地应用一条规则,而不管情况是否适合,这就是拘泥。某些拘泥的书呆子是可怜的傻瓜,他们从来就不理解他们所尽心尽力、不分青红皂白地加以使用的规则。有些书呆子则相当成功,他们能理解他们的规则,至少在开始(在他们还没有变成书呆子以前)是这样,并且他们选出一条合适的规则,这条规则在许多情况下都适用,只是偶尔失效。

有判断地、得心应手地使用一条规则,并注意到它适用于哪些情况;不让规则里的词语模糊了这种做法的意图或错过了情势中出现的良机,这就是变通。

2. 我们表中的问题和建议无论对解题者还是对教师都可能有所帮助。但首先必须理解它们,学习如何正确使用它们,并通过试了错、错了再试的方法,通过失败和成功,通过在使用它们时获得的经验,来学习它们。其次,决不能拘泥迂腐地使用它们。你不应遵循某种刻板的习惯,不加选择地提出问题或建议。对各种各样的问题和建议要有所准备,并运用你的判断力。你正在做的是一道既有难度又有趣味的题目;你接下来要尝试的一步应该是在你面对题目进行了积极而不带偏见的思考后决定的。你希望能帮助一个学生,你对他说的话应该是从你体谅地了解他的困难出发的。

如果你易于拘泥,而且必须得依赖于某条规则,那么请你学会这一条:永远要先开动你的脑筋。

实际题目

(*Practical problems*)

实际题目在各个方面都与纯粹的数学题目有所不同,但解题的主旨和程序基本上是相同的。实际的工程题目中通常包括了数学题目。下面我们来讨论一些这两类题目之间的差别、类似及联系。

1. 一道令人印象深刻的实际题目是建一座跨河的水坝。我们要理解这道题目并不需要什么特殊的知识。在比我们这个拥有科学理论的现代社会早得多的近乎史前的年代里,人们已在尼罗河的河谷里以及世界的其他地方建成了某种水坝,这些地方的农作物都依赖于从水坝中引水灌溉。

让我们来想象一道建造一座重要的现代水坝的题目。

未知量是什么? 在这样的一道题目里含有很多未知量:水坝的确切地点,它的几何形状和尺寸,建造它所用的材料,等等。

条件是什么? 我们只用三言两语是不能回答这个问题的,因为这里有很多条件。在如此庞大的一个工程中,必须满足许多重要的经济需要,又要尽可能少地损害到别的需要,这一点是很必要的。这个水坝应该能够产生电力、提供灌溉用水或某些社区的供水,还要有助于控制洪水。另一方面,它应尽可能不扰乱航运和有重要经济价值的鱼类资源,以及不妨害优美的风景,等等。当然,它还应尽可能花费少并尽快建成。

已知数据是什么? 所需的数据量巨大。我们需要这条河及其支流附近地区的地形数据;对于地基的坚实性、可能产生的渗漏以及可利用的建筑材料等情况很重要的地质学数据;关于年降水量和洪水水位的气象学数据;关于将被淹没地区的价值的经济学数据,即要花费的物力和人力;如此等等。

我们的例子说明,与一道数学题目相比,一道实际题目中的未知量、已知数据和条件比较复杂,限定得也没有那么清晰。

2. 为了解决一道题目,我们需要一定的以前学过的知识。现代的工程师掌握了一种高度专门化的知识体系可供应用,如材料强度的科学理论、他自己的经验及储存在专业技术文献中的大量工程学经验。我们在这里不可能使用这种专门的知识，但我们可以尝试想象一下，一位古埃及水坝建筑者脑海中想的是什么。

他当然看过其他各种各样的水坝，可能是比较小型的：用泥土或石头建成的防水堤。他看过洪水挟带各种碎石拍打着河岸。他可能协助维修过由洪水造成的缝隙和侵蚀痕迹。他也许看见过一道水坝由于洪水的冲击而决堤。他肯定听说过一些大坝经受了几个世纪的考验，或者是一些大坝由于一次意想不到的损坏而彻底崩塌的事情。他的脑海里也许想象过河水撞击水坝表面所造成的压力及其内部的应变和应力。

然而埃及的水坝建造者并没有关于流体压力或固体内部应变和应力的任何精确的、定量的科学概念。这些概念构成了一位现代工程师的知识结构中最主要的部分。但是后者同样也要使用许多远未达到精确化、科学化程度的知识。他所知道的关于流水造成的侵蚀、淤泥的运送、某些材料的可塑性及其他未予很清楚界定的性质，是一种具有相当经验性质的知识。

我们的例子说明，实际题目中所需要的知识及所用的概念比数学题目中的要复杂，定义也不那么严格。

3. 实际题目中的未知量、已知数据、条件、概念等必需的预备知识，其中任何一样东西都比纯数学题目中要复杂，定义则没那么严格。这是一项重要的不同之处，也许正是主要的区别，而且它自然还隐含了更进一步的不同。然而对于这两类题目，解题的基本动机及程序看起来还是相同的。

有一种流传甚广的意见认为，实际题目比数学题目需要更多的经验，这也许是对的。然而，其区别很可能在于所需要的知识的性质，而不在于我们对待题目的态度。为了解决这样那样的一道题目，我们必须依赖于我们在解决一些相似题目中所获得的经验，我们还会经常提出这样的问题：*你见过同样的题目以一种稍有不同的形式出现吗？你知道一道与它有关的题目吗？*

在解一道数学题目时，我们要从一些在我们头脑中相当井然有序的非常清晰的概念开始着手。在解决一道实际题目时，通常我们不得不从一些相当含糊的想法开始；此后，阐明这些概念也许就成了这道题目的一个重要部分。举例来说，今天的医学在检查传染病方面就比巴斯德(Pasteur)以前的时代处于一个更为有利的地位，当时“传染”这个概念本身还相当含糊。*你把题目中所有关键的概念都考虑到了吗？* 这对于所有类型的题目来说都是一个很好的问题，但如何使用它却随着涉及的概念的性质而有很大的变化。

在一道陈述完美的数学题目中，条件中的所有数据和所有条款都是必不可少的，必须予以考虑。在实际题目中，我们有为数众多的数据和条件。我们尽可能多地将它们考虑在内，但我们也不得不忽略掉其中的一些。以大水坝的设计者为例。他要考虑公众的利益及重要的经济利益，这就使他必须要忽视某些次要的要求和不满。严格地说，他题目中的数据是无穷无尽的。例如，他想要多知道一些要打地基的这块工地的地质特性，但最终他仍不得不停止继续去收集地质数据，虽然这样就不可避免地仍会留下某些不确定的地方。

你用到所有的已知数据了吗？你用到全部的条件了吗？ 当我们处理纯数学题目时，决不能遗漏这些问题。然而在实际题目中，我们应该改变一下形式来提出这些问题：你是否用到了所有对解答*相当有用*的数据？你是否用到了所有对解答有*显著影响*的条件了？我们估量一下可用的有关资料，如有需要的话再收集一些，但最终我们必须停止收集，必须在某个地方划地为界，我们不得不忽略掉一些东西。“如果你要航行中没有危险，就永远不要下海。”有大量的数据常常是多余的，对解答的最终形式没有什么显著的影响。

4. 古埃及水坝的设计者们必须依靠其经验的常识性解释，他们没有别的东西可以依靠。现代的工程师就不能只依靠常识了，尤其当他的工程是一个崭新而大胆的设计时更是如此。他必须要计算所设计的水坝的阻力，定量地预测其内部的应变和应力。为此，他必须应用弹性理论(这种理论相当适用于混凝土结构)。要应用这一理论，他需要用到大量数学，这个实际的工程题目就转而成为一道数学题目。

这道数学题目太过于专业化了，无法在这里讨论。关于它我们只能作一个一般性的说明。在建立和解决由实际题目引出的数学题目时，通常我们只能满足于一个近似解。我们不得不舍去实际题目中的某些较不重要的数据及条件。因此，有理由在计算中允许少量的不精确性存在，尤其是当我们能以在简单性上的所获弥补在精确性上的所失时。

5. 关于近似问题还可以谈很多，这个问题应当引起普遍的兴趣。然而，我们不能假定读者具有什么专门的数学知识，因此我们在这里仅限于一个直观而具有启发性的例子。

画地图是一道重要的实际题目。在设计一张地图时，我们常常假定地球是一个球。而这只是一个近似的假设，并不完全正确。地球的表面根本不是数学上定义的球面，而且我们也确切地知道，地球在两极处变得扁平。然而，假定地球是一个球，我们要画一张它的地图就容易得多。我们在简单性上所获甚多，而在精确性上则所失甚少。事实上，我们假定有一个大球和地球的形状一模一样，它赤道处的直径为25英尺（约7.6米）。因为地球是扁平的，这个球的两极之间的距离小于25英尺，但是只小了1英寸，因此这个球提供了一个很好的实际近似。

求解题、证明题

(*Problems to find, problems to prove*)

我们来对这两类题目作一个比较。

1. "求解题"的目标是要找到某个对象,即该题的未知量。

未知量也叫"quaesitum"("目标"),即要找的量,或要求的东西。"求解题"可以是理论性的或实际的,抽象的或具体的,重大的题目或只是谜语。我们可以寻找各种各样的未知量;我们可以尝试去发现、得到、获取、制造或构建各种各样想象得到的对象。侦探小说中的未知量是一个谋杀者;象棋题中的未知量是弈者对棋子的移动。在某些谜语中未知量是一个词;在某些初等代数题中未知量是一个数;在几何作图题中的未知量是一张图。

2. "证明题"的目标是要确定地表明某个清楚陈述的论断是正确的,还是错误的。我们必须要回答这个问题:这个论断是否正确?而且我们必须通过或者证明它是正确的,或者证明它是错误的,来对这个问题作出确定的回答。

一位证人肯定被告某天晚上是待在家里的。法官必须要查明这个断言是否正确。此外,他还必须对他的结论给出尽可能充分的理由。这样,法官就有了一道"证明题"。另外一个"证明题"是"证明勾股定理"。我们并不说:"证明或推翻勾股定理。"从某些方面来说,在题目的叙述中把推翻的可能性包括在内可能会更好。但是我们可以忽略它,因为我们知道,推翻勾股定理的机会实在是很小的。

3. "求解题"的主要部分是*未知量*、*已知数据*和*条件*。

如果我们必须画一个以a、b、c为三边的三角形,则未知量是一个三角形,已知数据是三边长a、b、c,而要求的三角形必须满足的条件是,它的三边长分别为a、b、c。如果我们要画一个以a、b、c为三条高的三角形,则未知量是和前题的未知量同一类型的对象,已知数据是相同的,而联系未知量和已知数据的条件却不同了。

4. 如果"证明题"是通常类型的一道数学题目,那么它的主要部分是题设以及要求证明或推翻的定理的结论。

“如果平行四边形的四边相等，则它的两条对角线相互垂直。”以上以“则”开始的后半句是结论，以“如果”开始的前半句是题设。

[并非所有的数学定理都可以很自然地划分为题设和结论。例如，下述的定理就很难这样划分：“素数有无穷多个。”]

5. 如果你想解一道“求解题”，你就必须知道，而且是十分确切地知道它的主要部分，即未知量、已知数据及条件。我们的表中包括了很多与这些部分有关的问题和建议。

未知量是什么？已知数据是什么？条件是什么？

将条件的不同部分分开。

找出已知数据与未知量之间的联系。

观察未知量！并尽量想出一道你所熟悉的具有相同或相似未知量的题目。

只保留条件的一部分，而丢掉其他部分，那么未知量可以确定到什么程度，它能怎样变化？你能从已知数据中得出一些有用的东西吗？你能想到其他合适的已知数据来确定该未知量吗？你能改变未知量或已知数据，或者有必要的话，把两者都改变，从而使新的未知量和新的已知数据彼此更接近吗？

你用到所有的已知数据了吗？你用到全部的条件了吗？

6. 如果你想解一道“证明题”。你就必须知道，而且是十分确切地知道它的主要部分，即题设和结论。关于这些部分，有一些很有用的问题和建议，它们对应于我们表中那些特别适用于“求解题”的问题和建议。

题设是什么？结论是什么？

将题设的不同部分分开。

找出题设和结论之间的联系。

观察结论！并尽量想出一条有相同或相似结论的熟悉的定理。

只保留题设的一部分，舍去别的部分，此时结论还成立吗？你能从题设中得出什么有用的东西吗？你能想到另外一条易于得出这一结论的题设吗？你能改变题设或结论，或者必要的话同时改变两者，从而使新的题设和新的结论彼此更接近吗?

你用到全部的题设了吗?

7. “求解题”在初等数学中比较重要,而“证明题”则在高等数学中比较重要。在本书中更强调“求解题”,但作者希望能在关于这个论题的更完整的论述中重新建立起它们之间的平衡。

进展与成绩

(*Progress and achievement*)

你取得过什么进展吗？最大的成绩是什么？我们可以在解题过程中向自己提出这样的问题，或者向我们指导的学生提出这样的问题。对具体的例子，我们习惯于多少有点自信地对进展与成绩作出判断。从这样的具体例子过渡到一个一般性的描述并非易事。然而如果我们希望能使我们关于探索法的研究比较完整，就必须进行这一步，而且我们还必须力图弄清楚，一般来说，是什么在解题过程中构成了进展与成绩。

1. 为了解答一道题目，我们必须具备关于题目的一些知识，此外还必须在我们已经存在的，但原本潜伏着的知识中挑选和收集相关的内容。最后我们对于题目的概念要比开始时丰富得多，其中增加了什么呢？这就是我们成功地从记忆中萃取出来的东西。为了得到解答，我们就必须回忆起各种各样必要的重要事实。如果要解的是一个数学题，我们必须得回忆起以前解过的题目、已知定理和定义。从我们的记忆中萃取这样的相关元素可以称之为*动员*。

2. 然而，要解答一道题目，仅仅回忆起一些孤立的事实是不够的，我们必须把它们组合起来，而且它们的组合必须能很好地适用于我们手头的题目。于是，在解一道数学题目时，我们必须得构建一条论据，它把我们回忆起来的材料与一个十分适用的整体联系起来。这种改编和结合的活动可以称之为*组织*。

3. 事实上，动员和组织绝不可能真正分开。当我们全神贯注地解题时，我们回忆起的仅仅是那些和我们的目的多少有点联系的事实。而且，除了我们已经回忆和动员起来的材料以外，也没有别的内容可以联系和组织。

动员和组织只是同一复杂过程的两个不同的*方面*，这个过程中还有许多其他方面。

4. 工作取得进展的另一个方面，是我们*概念转换的模式*。由于得到了由我们回忆起来并加以改编和引入的那些材料的充实，最后我们对于题目的概念就比一开始要丰富得多了。由于我们希望从对于题目的最初概念过渡到一个更加令人满意、更加适用的概念，我们要尝试各种各样的论点，并从不同的侧面来观察题目。如果没有**变化题目**，我们几乎不可能取得任何进展。

5. 当我们在向最终目标前进时，就可以越来越清楚地看到它；当我们看得更清楚一些时，就可以判断，我们离它更近了一些。当我们对题目的检验获得进展时，就能越来越清晰地预见到，为了解答它，我们应该做些什么，又该怎么做。解答一道数学题目时，如果幸运的话，我们可以预见到某一条可能用得到的已知定理、一道以前解过的可能有帮助的题目，预见到可能有必要回到某个专业术语的意思上去。我们对于预见到的这些东西并不是确信无疑的，只能有一定程度的可信性。在得到完整的解答之后，我们就可以完全确信了。但是在获得这种确定性以前，我们常常必须满足于一种多少有点看似可信的猜测。如果不进行那些仅仅看似正确的及暂时性的考虑，我们就不可能找到最终的确定的解答。我们需要**探索式论证**。

6. 什么是趋向解答的进展？进一步动员和组织我们的知识，促进我们对于题目的概念的演变，增加我们对于组成最终论证的步骤的预见性，这些都是。我们可以以不易觉察的小脚步稳步前进，但又不时跳跃腾飞，取得突破性的进展。一个趋向解答的突然性的进展，我们称之为**出色的念头**、好主意、满意的想法、灵机一动（在德语中有一个更专业的术语叫*Einfall*，“突然发生的思想”）。出色的念头是什么？是我们看法上的一个突然性的、重大的改变，是我们在理解题目的方式上的一次突然的改造、一个恰好出现的可靠的预见，预见到我们为了获得解答所必须采取的那些步骤。

7. 前面所作的那些考虑给我们表中的问题和建议提供了适当的背景。

有许多问题和建议直接是为了对我们以前学到的知识进行动员：你以前见过它吗？或者你见过同样的题目以一种稍有不同的形式出现吗？你知道一道与它有关的题目吗？你知道一条可能有用的定理吗？观察未

知量！并尽量想出一道你所熟悉的具有相同或相似未知量的题目。

在某个典型的情况下，我们认为已经收集到了合适的资料，并为我们已经动员起来的内容寻求一种比较好的组织形式：这里有一道题目和你的题目有关而且以前解过。你能利用它吗？你能利用它的结果吗？你能利用它的方法吗？为了有可能利用它，你是否应该引入某个辅助元素？

在另一些典型的情况下，我们认为还没有收集到足够的资料。我们想知道遗漏了什么：你用到所有的已知数据了吗？你用到全部的条件了吗？你把题目中所有关键的概念都考虑到了吗？

有些问题直接以题目的变化为目的：你能重新叙述这道题目吗？你还能以不同的方式叙述它吗？有许多问题的目的就在于通过特殊的方法来变化题目，比如回到**定义**上去，应用**类比**、**普遍化**、**特殊化**、**分解和重组**。

还有其他一些问题建议我们尝试去预见我们所努力要取得的解答的性质：条件有可能满足吗？条件是否足以确定未知量？或者它不够充分？或者多余？或者矛盾？

我们表中的问题和建议并未直接提及出色的念头，但事实上，所有的内容都与它有关。在理解一道题目时，我们是为它做准备；在设计一个方案时，我们力图引发它；在此以后，我们要实现它；回顾解答过程及其结果，我们试图更好地利用它。[8]

谜　语
(*Puzzles*)

根据第一部分第3节所述,我们表中的问题和建议与主题无关,可适用于所有各类题目。用各种各样的谜语来验证这一论断是很有趣的。

例如,给出下列各词

DRY OXTAIL IN REAR。

题目是一道"组字游戏",就是将这些单词中所给出的字母重新排列,成为一个单词。在解决这个谜语时,注意到我们表中的好几个问题都很贴切,甚至具有激励作用,是很有意思的。

未知量是什么? 一个单词。

已知数据是什么? 四个单词:DRY OXTAIL IN REAR。

条件是什么? 要求的单词由15个字母组成,这些字母都包含在上述四个已知的单词中。这很可能是一个不太常用的英语单词。

画一张图。标出十五个空格很有用:

_ _ _ _ _ _ _ _ _ _ _ _ _ _ _

你能重新叙述这道题目吗? 我们要找到一个单词,它以某种排列方式包含了以下这些字母:

AAEIIOY DLNRRRTX。

这种重述和原题当然是等价的(见**辅助题目**,6)。这也许是一种更为有利的重述。将元音和辅音分开(这是很重要的,按字母顺序则并不重要),我们就看到了题目的另一个方面。那么,我们现在就能看出,要求的这个单词具有7个音节,除非它具有一些双元音组合。

如果你不能解所提的题目,先尝试去解某道有关的题目。有一道相关的题目就是用给定的字母中的一些来组成几个单词。我们当然可以组成这样的几个短小的单词,然后我们再试图找到越来越长的单词。我们所用的字母越多,就可能越接近符合要求的单词。

你能解出这道题目的一部分吗? 要求的单词如此之长,那么它必然具有明显的几个部分,它可能是一个复合词,或者由其他某个单词加上一个常见的字尾派生出来。它可能是哪个常见的字尾呢?

_ _ _ _ _ _ _ _ _ _ _ ATION

_ _ _ _ _ _ _ _ _ _ _ _ _ELY

*只保留条件的一部分,而丢掉其他部分。*我们可能会尝试去想起一个长单词,它可能多到具有七个音节,而辅音字母则相对较少,而且它还要包括一个X和一个Y。

我们表中的问题和建议并不能施展魔法,它们不可能在我们自己不作任何努力的情况下就解答出所有可能的谜语。如果读者希望能找到这个单词,他就必须坚持不懈地尝试和思考它。表中列出的问题和建议所能做的就是“让球不停地滚动”。当我们因为得不到成功而觉得泄气,从而倾向于放弃这道题目时,它们会向我们建议再作一次新的尝试,提示一个新的方面,给出题目的一种新的变化,给予一次新的鼓舞;它们可以使我们保持不断思索。

另一个例子参见**分解和重组**,8。

归谬法与间接证明
(*Reductio ad absurdum and indirect proof*)

归谬法与间接证明是两种彼此不同却又相互联系的过程。

*归谬法*是通过由一个假设中得出明显的谬误,从而说明它是不成立的。"归谬法"是一种数学过程,但它却与讽刺作家钟爱的传统做法——说反语有几分相似。反语从表面上看来是采纳了某一种观点,并强调它,而且过分地强调,直至产生一个明显的谬误。

*间接证明*是通过证明与一个论断相反的假设不成立,从而证实这个论断的正确性。由此,间接证明有点像一个政客通过破坏对手的名誉来确立自己的候选人的那种诡计。

"归谬法"和间接证明都是作出发现的有效工具,它们会自然地出现在一个专心致志的头脑中。然而,一些哲学家以及许多初学者都不喜欢它们,这是可以理解的:爱讽刺挖苦的人和狡猾的政治家并不是人人都喜欢的。我们将首先通过几个例子来说明这两种过程的有效性,然后再讨论一些反对它们的意见。

1. *归谬法*。用0,1,2,…,9这十个数字组成几个数,使它们的和恰为100,每个数字都用一次而且也只能用一次。

我们可以在尝试解决这个难题时学到一些东西,对它的陈述还需要做一点说明。

*未知量是什么?*一组数。当然,我们这里所指的数是整数。

*已知数据是什么?*数100。

*条件是什么?*条件有两部分。第一,在写所要求的这组数时,我们必须用到0,1,2,3,4,5,6,7,8和9所有这些数字,而且每个数字只能用一次。第二,这组数中所有的数相加的和为100。

*只保留条件的一部分,而丢掉其他部分。*单单满足条件的第一部分是很容易的,例如19,28,37,46,50这组数,每个数字都只出现一次。但是条件的第二部分当然就不满足了,这些数相加的和为180,而不是100。但是我们可以做得更好一些,"尝试,再尝试。"是的,

$$19+28+30+7+6+5+4=99。$$

条件的第一部分满足了,第二部分也差不多要满足了,不过,我们得到的是99,而不是100。当然,如果我们不管条件的第一部分的话,第二部分也是很容易满足的:

$$19+28+31+7+6+5+4=100。$$

这时第一部分又不满足了:数字1出现了两次,而0则根本没有出现,其他的数字倒是没有问题的。"尝试,再尝试。"

再经过了几次不成功的试验以后,我们也许要产生怀疑了,按照要求的方式不可能得到100吧?最后,产生了这样的问题:证明所提条件的两个部分不可能同时满足。

即使是相当好的学生,也可能发现这道题目已经超过了他的能力所及了。但是,如果我们抱正确的态度,则答案是很简单的。对于条件的两个部分都满足的那种假设的情况,我们必须加以检验。

我们怀疑这种情况实际上并不会发生,这种怀疑基于我们所作的尝试不成功的经验,所以它是有一定的根据的。尽管如此,还是让我们保持没有偏见,面对这种假定、猜想和声称条件的两部分都能满足的那种情况。那么,让我们来设想有一组数,它们的和为100,它们必须是由一到两位数字组成的数。总共有0,1,…,9这十个数字,由于每个数字只能出现一次,它们必定是各不相同的。于是,这十个数字之和为

$$0+1+2+3+4+5+6+7+8+9=45。$$

这些数字中有些在个位上,另一些在十位上。只要稍具智慧就能想到,在十位上的数的和可能具有一定的重要性。事实上,如果用t来代表这个和数,那么剩下的那些数字,即个位上的各个数字的和就是$45-t$,因此这一组数中所有数的和必定是

$$10t+(45-t)=100。$$

这样我们有了一个确定t的方程。它是一个一次方程,解得

$$t=\frac{55}{9}。$$

现在,无疑产生了某种错误。我们所求得的t值不是一个整数,而t当然

应该是一个整数。我们从假定所提条件的两部分可以同时满足这一点出发，已经导出了一个明显的谬误，我们如何来解释这一点呢？我们原来的假定肯定是错误的，条件的两部分不可能同时满足。这样我们就达到目的了，我们成功地证明了所提条件的两部分是不相容的。

我们的论证是一种典型的“归谬法”。

2. 评述。让我们回过去看前面的论证，并理解其总的趋向。

我们希望证明某一个条件不可能满足，也就是说，绝不可能出现这一条件中的所有部分都同时满足的情况。但是，如果我们还没有作出任何证明，我们就得面对这种情况有出现的可能性。只有正视这种假设的情况，并仔细地加以检验，我们才能期望可以找出其中确定有错的地方。而且如果我们想确定地说明这种情况是不可能的，就必须找到某个确定错误的地方。由此我们就可以看出，在我们的例子中获得成功的过程是普遍合理的：纵然条件的两部分都得到满足的这种假设情况看来极不可能发生，我们也必须对它加以检验。

更有经验的读者可能在这里看出了另外一点。我们过程中的主要步骤就在于建立起了一个关于 t 的方程。而我们原本不必怀疑条件中存在什么错误，就可以获得同一个方程。如果我们想建立一个方程，就必须用数学的语言来表达出条件的所有部分都得到满足，虽然我们还不知道所有这些部分是否确实可以同时得到满足。

我们的程序是“无偏见的”。我们可以希望能找到满足条件的未知量，或者我们也可以希望说明条件不可能满足。如果处理得当，在两种情况下都以同一种方式开始，只检验满足条件的假想的情况，而只在以后的过程中再说明哪一种希望是合理的，那么对于考察题目这一方面，这并不太重要。

比较**图形**，2及**帕普斯**一节。如果一次分析的最终结果是推翻了所提的定理，或者是说明了提出的“求解题”无解，它实际上就是一种“归谬法”。

3. 间接证明。素数是指数字2，3，5，7，11，13，17，19，23，29，31，37，…这些不能分解成比它们小的因子的数，然而它们都大于1。(上面最后一句话将1排除在外，1虽然也不能分解成更小的因子，但由于具有不同的性质而不应该算作素数。）素数是“基本元素”，因为所有（大于1的）整数都可以被分解为素数。例如，

$$630=2\cdot3\cdot3\cdot5\cdot7,$$

630被分解成五个素数的乘积。

素数序列是无穷的吗？还是会在什么地方终止？我们很自然会猜测，素数序列是没有穷尽的。假如它会在什么地方终止，那么所有的整数都可以分解成有限数量的一些基本元素，从某种意义上说，这样世界就会显得“太贫乏”了。由此就产生了一个题目，即证明存在着无穷多个素数。

这道题目与通常的初等数学题很不相同，而且一开始似乎有点无从下手。然而，正如我们说过的，极不可能存在最后一个素数，比方说P。为什么这是如此不可能呢？

让我们来正视这种极不可能发生的情况，在其中我们假定、猜想和声称存在最后一个素数P。这样我们就可以写出完整的素数序列2，3，5，7，11，…，P。为什么这是如此不可能呢？其中有什么问题？你能指出有什么地方肯定错了吗？我们确实可以。我们可构建下面这个数：

$$Q=(2\cdot3\cdot5\cdot7\cdot11\cdot\cdots\cdot P)+1。$$

这个数Q一定比P大，由此根据刚才的假定，Q不可能是一个素数。因此，Q必定可以被一个素数整除。现在可供我们使用的素数已假定为2，3，5，…，P，但是Q被这些数中的任何一个数除都会产生余数1，所以Q不可能被上述素数中的任何一个整除，然而，我们已经假定它们是全部素数了。现在，肯定产生了某种错误：Q要么是一个素数，要么可以被某个素数整除，两者必居其一。我们从假定存在最后一个素数P开始，进而引出了一个明显的谬误，如何来解释这一点呢？我们原来的假定一定是错的，不可能存在最后一个素数P。由此我们就成功地证明了素数序列是无穷的。

我们的证明是一个典型的间接证明。（这也是一个著名的证明，它是由欧几里得给出的，见《几何原本》第9卷中的命题20。）

我们已经通过与它相反的陈述（素数序列是有限的）而建立起了我们

的定理(素数序列是无穷的),我们从这个相反的陈述中推出一个明显的谬误而推翻了它。这样我们就已经把间接证明和“归谬法”结合起来了,这种结合也是非常典型的。

4. 反对意见。我们所学习的这些程序也遇到了相当多的反对意见。人们产生了许多异议,这些异议也可能只是同一基本反对意见的各种变化形式。我们在这里讨论这种异议的一种“实际的”形式,它是适合本书水平的。

要找出一个并不显而易见的证明是一个相当大的智力成就,但学习这样一个证明,或者即使只是彻底地理解它也需要一定的脑力。很自然地,我们希望付出的努力能有所回报,而且当然,我们记忆中所保留的东西应该也是真实的和正确的,而不应是错误的或荒谬的。

但是要从一个“归谬法”中获得一些真实的东西似乎是很困难的,这个过程由一个错误的假定开始,而由此得出的一些结论同样是错误的,只是可能会更加明显,直到最后得出一个明显错误的结论。如果我们不希望在我们的记忆中储存虚假的东西,就应该尽快地把它们忘记,然而这并不可行,因为在学习这种证明的过程中,我们必须正确、清晰地记住所有各点。

现在可以十分简短地陈述一下对间接证明的反对意见。在聆听这样一个证明时,我们不得不自始至终把我们的注意力都集中在一个我们应该要忘记的错误的假设上,而不是一条我们应该记住的定理。

如果我们希望能正确地评判这些反对意见的价值,就应当区分“归谬法”的两种不同的用途:作为一种研究工具及作为一种说明方法,对于间接证明也应作出同样的区分。

必须承认,“归谬法”作为一种说明方法并不纯粹是件好事。这样的一种“归纳”,尤其是当它很长时,对于读者或听者确实都是很痛苦的。我们一个接一个地进行检验的所有推导过程都是正确的,但我们所必须面对的全部情况却都是不可能的。即使是文字表达也会变得冗长乏味,如果它(像应该的那样)坚持强调每样东西都基于最初的一个假定的话。“假定的”、“猜想的”、“声称的”这些词必须不断地反复出现,或者必须连续地使用某种别的手段。我们希望能把这种情况作为不可能的事将其抛弃或遗忘，但是我们又必须把它作为下一个步骤的基础来记住和检验它，因此这种内在的不一致最后会变得不堪忍受。

然而，拒绝将“归谬法”作为一种发现的工具也是愚蠢的。当所有其他方法看来都用尽了的时候，它就会自然而然地涌现出来并做出决断，正如前面的例子中所显示的那样。

我们需要有一点经验，才能察觉到这两种论点之间并没有本质的对立。经验告诉我们，将一个间接证明转化为一个直接证明通常并不怎么困难，将一个由冗长的“归谬法”给出的证明重整为一种比较令人愉快的形式也不困难，在这种形式中甚至可以完全看不到“归谬法”。(或者，在适当的准备后，它可以被压缩成几句醒目的句子。)

简言之，如果我们希望能充分利用自身的能力，就既应该熟悉“归谬法”，也应该熟悉间接证明。然而，当我们通过其中的某种方法成功地得到了一个结论以后，也不应忘记回头再看看这个解答并自问：*你能以不同的方式推导这个结果吗？*

让我们举几个例子来解释我们刚才所讲的一些内容。

5. *重整“归谬法”*。我们回过去看在第1点中给出的推理过程。归谬法从一种情况开始，这种情况最终证明原来是不可能出现的。不过，让我们分离出论证中不依赖于最初的那个错误假设而包含了正确信息的那一部分。重新考虑我们所做的事情，也许可以发现下面这些无疑是正确的：如果写出由一位或两位数组成的一组数，而0，1，…，9这十个数字都只出现一次，那么这组数的和的形式是这样的：

$$10t+(45-t)=9(t+5),$$

因此，这个和就可以被9整除。而所提的题目要求这个和应该是100，这种情况有可能发生吗？不，这是不可能的，因为100不可能被9整除。

在我们这种新的陈述中，引导我们找到证明的“归谬法”消失了。

顺便说一句，一位熟悉“舍九法”的读者现在一眼就能看出整个的论证了。

6. *转换间接证明*。我们回过去看第3点中提出的论证。在仔细地重新考虑我们所做的论证时,我们也许会发现一些不依赖于任何错误假定的成分,然而最佳的线索还是要从对原题本身意思的重新思考中得到。

我们所说的素数序列无穷是什么意思呢?它显然就是:当我们已经确定了一组有限的素数序列,如2,3,5,7,11,…,P,这里P表示迄今所发现的最后一个素数,则总是存在这些数以外的另一个素数。那么,要证明存在一组无限的素数,我们必须做什么呢?我们必须指出一种方法,由它能找到一个素数,它和迄今所发现的所有素数都不同。于是,我们的"证明题"实际上就简化为了一道"求解题":给定了素数2,3,5,…,P,找出一个与所有这些给定的素数都不同的新素数N。

把我们原来的题目以这样一种新形式重新叙述了以后,我们已经跨出了关键性的一步。现在要看出怎样把我们前面所作的证明中的那些关键步骤用于新目的就比较容易了。事实上,数

$$Q=(2\cdot 3\cdot 5\cdot 7\cdot 11\cdot \cdots \cdot P)+1$$

无疑可以被一个素数整除。我们假定——这是想法——Q的某一个素因子(例如最小的一个)为N。(当然,如果Q恰好就是一个素数,则$N=Q$。)很明显,Q被2,3,5,…,P这些素数中的任何一个除都会有余数1,因此这些数都不可能是Q的因子N。而这就是我们所需要的全部:N是一个素数,并且它和迄今所找到的所有素数2,3,5,7,11,…,P都不相同。

这个证明给出了一种确定的程序,将素数的序列一再延长,而没有限度。在这里没有什么是间接的,也不需要考虑任何不可能发生的情况。然而,它从根本上说与我们前面的间接证明是相同的,我们已经成功地对这种间接证明进行了转换。

多　　余
(*Redundant*)

见条件一节。

常规题目

(*Routine problem*)

例如要解方程 $x^2-3x+2=0$。如果在此以前老师曾经解释过怎样去解一般的二次方程，也举例说明过，那么学生要做的只是用数字−3和2来代替通解公式中出现的某些相应的字母，这样的题目就可以称为常规题目。即使没有解过一般的以“字母”表示的二次方程，只要不久以前解过五六道与之相仿的数字系数的二次方程，这道题目也应叫做“常规题目”。一般来说，一道题目如果可以通过将特殊数据代入一道以前解过的一般题目中来求解，或者按照某一道陈旧而明显的例子依样画葫芦，而无需一丝一毫的独创，那么这道题目就是一道常规题目。教师提出一道常规题目，就是在学生面前迫使他们对下面这个问题立刻有一个果断的回答：你知道一道与它有关的题目吗？然后，学生只需要按部就班地去做，这时只要小心一点、耐心一点就足够了，而且他也没有机会使用他的判断力或者他的创造能力。

虽然在教授数学时可能需要一些常规题目，有时甚至需要许多常规题目，但是不让学生去做其他类型的题目是不可原谅的。只教授常规数学运算这种机械的作业而不教授其他东西，就比烹饪书的水平还要低得多，因为烹饪食谱确实还留了一些东西让厨师自己去想象和判断，但数学食谱中却没有这些东西。

发现的规则

(*Rules of discovery*)

第一条发现的规则是要有智力和好运。第二条发现的规则是安稳地坐下来等待,直到你产生一个出色的念头。

多少有些粗略地提醒一下某些渴望不可能实现,也许是有好处的。能引导我们解答所有可能的数学题目的这种绝对正确的发现的规则,要比金丹术士们徒劳地寻找的哲人石(Philosophers' stone)更值得向往。这样的规则可以产生魔力,但是魔力之类的东西并不存在。寻找适用于所有类型的题目的万能规则,是一个古老的哲学梦想,而这个梦想将永远只是梦想罢了。

一种合理的探索法不能以万能的规则为目的,但是它可以致力于研究那些在解题中典型有用的程序(思维活动、行动、步骤)。每一个对他的题目有充分兴趣的正常人都实践过这样的程序。他们得到某些一成不变的问题和建议的提示,聪明的人会向自己提出这些问题和建议,聪明的教师也会向他的学生提出。收集这样的问题和建议,以充分的普遍性和简洁的顺序陈述出来,这也许不如点金石那样称心如意,但它是切实可行的。我们所学习的表就提供了这样的内容。

格式的规则

（*Rules of style*）

第一条格式的规则是要有话可讲。第二条格式的规则是，当你碰巧有两件事要讲时，你要控制好你自己，先讲第一件，再讲第二件，不要同时讲两件事。

教学的规则

(*Rules of teaching*)

第一条教学的规则是要知道你应该教什么。第二条教学的规则是要懂得比你应该教的东西多一点。

最重要的事先做。本书作者并不认为所有指导教师的行为规则都是完全没用的，否则他就不可能敢于写一整本关于教师和学生行为的书。然而，不应该忘记的是，一个数学教师应该要懂一点数学，一个希望能将思考题目的正确态度传授给学生的教师自己应该先具有这种态度。

将条件的不同部分分开

(*Separate the various parts of the condition*)

我们的首要职责是理解题目。从整体上理解了一道题目以后,我们就要深入到其细节上去。我们考虑它的主要部分,未知量、已知数据、条件,每个部分都各自进行考虑。当我们把这些部分都搞清楚了,此时如果还是没有想到特别有用的念头,那么我们就要深入到更进一步的细节中去。我们考虑各种数据,每一个数据都各自进行考虑。在将条件作为一个整体理解了以后,我们将它的不同部分分开,并分别考虑它的每一个部分。

现在我们看到了我们在这里必须讨论的建议的作用:当我们试图看清题目并深入到越来越细致的细节时,它会有助于我们引出必须采取的一个步骤。这是**分解和重组**中的一个步骤。

将条件的不同部分分开。你能把它们写出来吗?我们在**建立方程**时,常常有机会问这个问题。

建立方程

(*Setting up equations*)

建立方程就好像将一种语言翻译成另一种语言(见**符号**,1)。这种比拟是牛顿(Newton)在他的《通用数学》(*Arithmetica Universalis*)中用到的,它可以有助于弄清教师们和学生们都常常感觉到的某些困难的本质。

1. 建立方程的意思是用数学符号来表达一个用文字表述的条件,就是将普通的语言翻译成数学公式的语言。我们在建立方程中会遇到的困难就是翻译的困难。

为了把一个句子从英语翻译到法语,有两件事是必要的。第一,我们必须透彻地理解这句英语句子。第二,我们必须熟悉法语中那些特有的表达方式。当我们试图用数学符号来表达一个用文字提出的条件时,我们会面临非常相似的情况。首先,我们必须透彻地理解这个条件;其次,我们必须熟悉数学表达的形式。

如果一个英语句子能够逐字翻译成法语,那么要翻译它是相当容易的。但是有一些英语成语是不能逐字翻译成法语的。如果我们的句子中包含了这样的成语,要翻译它就变得困难了。我们必须对孤立的单词少注意一些,而多去注意完整的意思,在翻译这句句子以前,我们也许还得将它重新排列。

在建立方程时,情况非常相似。在简单的例子中,文字的表达几乎是自动地分成几个前后连续的部分,每一个部分都可以直接用数学符号写出来。在比较难的例子中,条件中有一些部分不能直接翻译成数学符号。如果是这样的情况,我们就必须少注意文字表达,而更多地集中注意力于它的含义。在我们开始写公式以前,也许还得将条件进行重新排列,在这样做的同时还应留意要选用什么数学符号。

在所有的例子中,不管是简单的还是困难的,我们都必须理解它们的条件,将条件的不同部分分开,并且自问:你能把它们写出来吗?在简单的例子中,我们可以毫不迟疑地将条件分成几个部分,而这些部分是可以用数学符号把它们写出来的;然而在较难的例子中,如何恰当地分割条件就不那么明显了。

在学习了下面的几个例子以后，你应该再读一遍前面的解释。

2. 求两个量，它们的和是78，它们的积是1296。

我们将书页用一根竖线分成两半，在一边我们写上分成几个恰当部分的文字叙述，在另一边，我们写上代数符号，分别和与它们相应的文字叙述部分相对应。原文写在左边，翻译后的符号写在右边。

叙 述 题 目

文字表达	代数语言
求两个量	x, y
它们的和是78	$x+y=78$
它们的积是1296	$xy=1296$

在此例中，文字的表述几乎是自动分成几个前后相连的一些部分，每一个部分都可以立即用数学符号写出来。

3. 已知正棱柱体的底面为正方形，它的体积为63立方英寸，表面积为102平方英寸，求它的底面边长和高。

未知量是什么？底面边长，设为x；以及棱柱的高，设为y。

已知数据是什么？体积63和表面积102。

条件是什么？一个底面为边长是x的正方形、高为y的棱柱，它的体积必须是63，表面积必须是102。

将条件的不同部分分开。条件有两个部分，一个与体积有关，另一个则与面积有关。

我们可以几乎毫不迟疑地将整个条件正好分成这两个部分，但是不能将这两个部分“直接”写出来。我们必须要知道怎样来计算体积及各部分的面积。但是，如果我们知道那么些几何知识，就可以轻而易举地重新叙述条件的两个部分，使得翻译成方程这件事成为可行。我们对题目的叙述进行了必要的重新排列及扩展，并把它写在书页的左边，准备翻译成代数语言。

一个具有正方形底面的正棱柱，	
求它的底面边长	x
和它的高。	y
首先，它的体积是已知的。	63
底面为边长是x的正方形，它的面积	x^2
和棱柱的高	y
确定了它的体积，体积等于底面积乘高。	$x^2 y = 63$
其次，它的表面积是已知的。	102
它的表面包括两个边长为x的正方形	$2x^2$
和四个长、宽分别是x、y的矩形，	$4xy$
它们的和就是棱柱的表面积。	$2x^2 + 4xy = 102$

4. 已知一条直线的方程和一个点的坐标，求出与给定点关于这条直线对称的点。

这是一道平面解析几何题目。

未知量是什么？一个点，设它的坐标为(p,q)。

已知数据是什么？一条直线的方程，设其为$y = mx + n$；以及一个点，设它的坐标为(a,b)。

条件是什么？点(a,b)和点(p,q)关于直线$y = mx + n$互相对称。

现在我们碰到了最本质的困难，就是要将条件分成几个部分，其中每一个部分都能够用解析几何的语言表达出来。我们必须好好地理解这一困难的本质。一种将该条件分成几个部分的分解，在逻辑上也许无可非议，但却可能是没什么用的。这里我们所需的分解法是要适合于解析表达式的。为了找到这样的一种分解，我们必须回到对称性的定义上去，但也必须密切注意解析几何的应用。关于一条直线对称是什么意思呢？什么样的几何关系可以在解析几何中简单地表达出来？我们把注意力集中在第一个问题上，但也不该忘记第二个问题。那么，最后我们就会找到下面要讲的这种分解。

给定的点	(a,b)
和要求的点	(p,q)
按照下面的条件相互联系:	
首先,联结它们的直线 与给定的直线垂直;	$\frac{q-b}{p-a}=-\frac{1}{m}$
其次,联结它们的那条线段的 中点在给定的直线上。	$\frac{b+q}{2}=m\frac{a+p}{2}+n$

进展的标志
(*Signs of progress*)

当哥伦布(Columbus)和他的同伴们向西航行,横渡一片未知海域时,每当看见有鸟,他们就会欢呼。他们把鸟看成一种有利的征兆,说明接近陆地了。但是在这一点上他们却屡屡失望。他们也留意着别的标志。他们认为漂浮的海藻或者低垂的云堆都可能说明有陆地,但是又一次失望了。然而有一天,这些征兆频频出现。1492年10月11日星期四,“他们看到了矶鹞,船的附近还有一根绿色的芦苇。‘平塔号’帆船上的那些人看到了一段藤条和一根杆子,他们还拣起了一根看上去用铁器加工过的杆子,还有另外一小段藤条、一种陆地植物以及一块小木板。‘尼娜号’帆船上的船员也看到了一些陆地的征兆,还有一根结满果实的小树枝。人人看到这些标志都松了一口气,充满着喜悦。”事实上,第二天他们就看到了陆地,即“新大陆”的第一个岛屿。

我们正在进行的工作也许很重要,也可能不重要,无论我们做的题目是哪种类型的——当我们努力工作时,我们总是热切地盼望看到进展的标志,就像哥伦布和他的同伴们盼望看到接近陆地的征兆一样。我们将讨论几个例子,以理解什么可以合理地看作接近解答的标志。

1. 例子。有一道关于国际象棋的题目。比如说我必须在两步内将死黑棋的王,棋盘上有一个白马,它和黑王之间的距离相当远,看来是多余的。它有什么用呢? 起初我不得不把这个问题先放一放。但是在经过各种试验以后,我突然想到一种新的走法,而且发现这种走法可以让本来看上去多余的白马也起作用。这一发现给了我新的希望。我把它看作是有利的标志:这种走法有可能是正确的。为什么呢?

在一个精心构造的棋局中,没有一个棋子是多余的。因此我们必须将棋盘上的所有棋子都考虑在内,我们必须用到所有的已知数据。正确的解答自然要用到所有的棋子,即使是看起来多余的白马。就最后这方面而言,我所想到的新走法和我期望要找的正确走法一致。这种新走法看起来像是正确的,也许它就是正确的走法。

在一道数学题目中考虑类似的情况会很有趣。我的任务是要用三角形的三条边a、b和c来表示三角形的面积。我已经有了某种方案。我多少有点清楚地知道必须将哪几种几何关系考虑在内，以及必须施行哪几种运算。然而我还是不能十分肯定我的方案是不是会有效。如果现在按照此方案中描述的路线前进的话，我发现量

$$\sqrt{b+c-a}$$

出现在我就要构建的面积表达式中，我就有足够的理由来欢呼了。为什么呢？

事实上，我们必须考虑到三角形的任意两边之和大于第三边，这就包含了某种限制。给定的长度a、b、c不能十分任意，例如$b+c$就必须大于a，这是条件中的一个基本部分，而且我们必须用到全部的条件，如果$b+c$不大于a，我所要找的公式必定是错误的：如果$b+c-a$是负的——也就是说，如果$b+c$小于a——则上面所列出的平方根是虚数，那么这个平方根就不能用来表示一个实量，在这种情况下得到的表达式必定是错误的。因此我提出的这个含有平方根的公式和表示面积的正确公式就有了一个重要的共同性质。我的公式看起来像是正确的，它也许就是正确的公式。

这里还有另外一个例子。不久以前，我想证明一条立体几何中的定理。没费多大周折，我就找到了第一条看来有关的内容；但随后我就顿住了。要完成这个证明还缺少一点东西。那一天当我放弃时，与一开始相比，我对于应该怎样寻找证明，应该怎样填补这个空白有了清晰得多的概念；但是我还不能填补这个空白。第二天，在好好地睡了一晚以后，我再去考虑这个问题，一刹那间我想到了平面几何中一条类似的定理。于是我立刻就确信，我此时已经抓住了题目的解答，而且我想我也有足够的理由如此确信。为什么呢？

实际上，类比是一个了不起的向导。一道立体几何题目的解答常常有赖于一道平面几何中的类似题目(见**类比**，3~7)。那么，在我的例子中，从一开始就有机会在要求的证明中利用某条我确实能够想到的这种类型的平面几何定理作为一条引理。“这条定理似乎是我所需要的那条引理，它会是我所需要的引理。”——这就是我的推理。

如果哥伦布和他的船员曾经明确地将其难题付之推理，他们一定是以某种与此相似的方式来推理的。他们知道靠近陆地的海洋看起来应该是怎么样的，他们知道那里比公海上空会更常出现从陆地上飞来的鸟类，在水中也会更常出现从海滨漂来的漂浮物。许多人在以前航行回到故土的港口时肯定都发现过这些现象。在他们看到圣萨尔瓦多岛的那个值得纪念的日子的前一天，由于水中的漂浮物出现得如此频繁，他们就想："看来我们正在接近某块陆地，我们可能正在接近某块陆地。"而且"人人看到这些标志都松了一口气，充满着喜悦。"

2. 进展的标志的探索式特征。我们要坚持一点，这一点也许对每个人来说都已经很明白了；但是它很重要，因此我们必须把它搞得完全清楚。

以上的各个例子所说明的这种类型的推理值得引起注意并认真地加以考虑，虽然它只提供一种看似正确的指示，缺乏一种可靠的确定性。让我们学究式地、以尽量详细到颇不自然的那种程度来重新叙述这些推理中的一个：

如果我们正在靠近陆地，我们常常会看到鸟类。

现在我们看到了鸟类。

因此，我们可能正在接近陆地。

如果没有"可能"一词，这个结论就会是完全的谬误。事实上，哥伦布和他的同伴们曾多次看到了鸟类，但后来都失望了。只有一次，那一天他们看到了矶鹞，接下来的一天他们就发现了新大陆。

有了"可能"一词，这个结论就是合理而且自然的，但这绝不是一个证明，不是一个令人信服的结论。它只是一种说明，一种探索式的建议。如果遗忘了这样的一个结论只是可能的，而把它看作是一种确定的，那便会是一个莫大的错误。但如果完全忽视这样的结论便会是一个更大的错误。如果你把探索式的结论看作是确定无疑的，也许你会受到愚弄而以失望告终；但是如果你完全忽视探索式的结论，你也许会毫无进展。最重要的那些进展的标志是探索式的。我们应该相信它们吗？我们应该遵循它们吗？要遵循，但也要留心。要信任，但也要保持警惕，而且永远不要弃置你的判断力。

3. 可以清楚表述的标志。我们可以从另外一种观点来看待前面的几个例子。

在其中的一个例子中，我们认为成功地使用了一个以前没有用过的数据（白马）是一个有利的标志。我们这样认为是相当正确的。事实上，要解决一道题目，最基本的是要找出已知数据与未知量之间的联系。此外，我们至少应该在叙述完整的题目中用到所有的已知数据，将其中的每一个数据都同未知量联系起来。于是，让另一个数据发挥了作用，就相当有理由被认为是一种进展，是向前迈进了一步。

在另一个例子中，我们认为条件的一个重要条款在我们的公式中得到了适当的考虑是一个有利的标志。我们这样认为是相当正确的。事实上，我们应该用到全部的条件。这样，多考虑了条件的一个条款，就有理由被认为是一种进展，是朝正确的方向前进了一步。

还有一个例子，在其中我们认为一道更为简单的类似题目的出现是一个有利的标志。这同样也是有理由的。类比确实是创造活动的主要源泉之一。如果其他途径都失败了，我们就应该尝试去设想一道类似的题目。因此，如果这样的一道题目自然而然地出现了，我们当然会兴高采烈，我们感到正在接近解答。

研究了这些例子以后，我们现在就能很容易掌握总体的要领了。在解题中有某些典型有用的思维活动（这类活动中最常见的那些已在本书中列出了）。如果这样一种典型的思维活动成功了（如果又有一个数据和未知量产生了联系——条件的另一个条款又得到了考虑——引入了一道更为简单的类似题目），我们就认为它的成功是进展的一个标志。在理解了这一要点以后，我们就可以比较清晰地表述进展的另外一些标志的性质了。我们所需要做的就是依次阅读我们的表，并以新获得的观点来看待各个问题和建议。

因而，清楚地理解未知量的性质就意味着进展；清晰地处置不同数据从而使我们能轻易地想起其中的任何一个，也意味着进展。将条件作为一个整体来进行生动具体的想象可能意味着一个重要的进展，而把条件分成几个适当的部分也许是向前迈出了重要的一步。当我们找到了一个容易想象的图像，或者是一个容易记忆的符号，我们就有理由相信我们已经取得了某个进展。回忆起一道与我们的题目有关而且以前解过的题目，也许是朝正确方向迈出了决定性一步。

如此等等，不一而足。对于每一个构思清晰的思维活动，都对应某一种能够清楚表述的标志。适当地理解我们的表，它也列出了进展的标志。

现在，我们表中的问题和建议就简单、明显了，它们都只是一些普通常识而已。这一点已经反复说过了。对于我们这里所讨论的有关进展的标志，也是如此。要辨认这样的标志并不需要秘术，只需要一点常识，当然还需要一点经验。

4. 不太能清晰表述的标志。当我们一心一意地工作时，可以敏锐地感觉到我们前进的步伐：当进展快时，我们就兴高采烈；进展慢时，我们就垂头丧气。我们非常清晰地感受到这种差别，却不能指出什么明显的标志。情绪、感觉和有关情况的总体面貌可用于表明我们的进展。它们不易表达出来。"这看起来对我有利"或者"这不太好"，质朴无华的人会这样说。而比较世故的人表述时则会有些细微的差异："这是一个考虑很周到的方案"或者"不，还缺一些东西，这破坏了它的和谐"。然而在原始的或者是模糊的表述背后，都有一种不会错的感觉，我们自信地遵循这种感觉，而且它常常会将我们引导到正确的方向上。如果这种感觉非常强烈而且是突然出现的，我们就称它为灵感。人们通常不会怀疑他们的灵感，但有时也会被灵感所愚弄。事实上，我们对待引导性的感觉及灵感，应该就如同对待前面所考虑过的可以更加清晰地表述的那些进展的标志那样：信赖，但保持警惕。

始终跟着你的灵感走——但保持一点怀疑。

［这些引导性的感觉的本质是什么呢？在诸如"考虑很周到的"、"和谐的"这些艺术性的、具有细微差异的词的背后，是否存在着某种不那么含糊的意义？虽然这些问题可能与其说是实际的，倒不如说是推测性的，但是本文指出了一些可能有必要一提的答案：既然能够比较清晰地表述的进展的标志和某种颇为确定的思维活动的成败联系起来了，我们不妨

猜测我们那些不那么能够清晰地表述的引导性的感觉,可能类似地与其他较为含糊的思维活动相联系——可能是那些活动,它们的本质较多属于“心理上的”而较少属于“逻辑上的”。]

5. 标志怎样起作用。我有了一个方案。我相当清楚地知道我应该从哪里开始以及应该先采取哪一步。但是我还不十分知道接下来的路该怎么走,不很确定我的方案是否会有效。无论如何,我还有很长的路要走。因此,我小心谨慎地沿着我方案中指明的方向开始,并始终守望着进展的标志。如果这些标志很少或很模糊,我会变得比较犹豫。如果它很长时间都没有出现,我也许会丧失信心,回头去尝试另一条路。反之,如果在我前进的过程中这些标志出现得越来越频繁,如果它们大量涌现,我的犹豫就烟消云散,我就情绪高涨,并信心百倍地前进,如同哥伦布和他的同伴们在看到圣萨尔瓦多岛以前那样。

标志可以引导我们的行动。缺少这些标志也许是警告我们走入了一条死胡同,这样就帮助我们节省了时间,避免了徒劳的努力;它们的出现能使我们把精力集中于正确的一点。

然而标志也可能具有欺骗性。我曾有一次由于缺少标志而放弃了某条研究的道路,但有一个人跟随我沿着这条道路又前进了一点点,却做出了一个重要的发现——这令我大为烦恼,懊悔不已。他不仅比我更有毅力,而且正确地察觉到了某个我没有注意到的标志。另一方面,我也可能受到有利标志的激励,欢欣鼓舞地沿着一条道路走下去,但却碰上了一个始料未及而且不可逾越的障碍。

的确,在任何个别的情况中,标志可能会误导我们,但在大部分情况下,它却能正确地引导我们。一个猎人可能时而会错误判断了他的猎物的踪迹,但是总的来说他必定是正确的,否则他也不可能以打猎为生了。

正确地解释标志是需要经验的。哥伦布的一些同伴根据经验必定知道近岸的海洋看起来是怎样的,因此他们就能够识别出暗示接近陆地的这些标志。专家由其经验得知当解答在望时情况看来如何并感觉出来,因此他能识别出表明他正在接近目标的标志。专家比没有经验的人知道更多的标志,而且更加熟悉;他最主要的优势也许就在于有这样的知识。

一个内行的猎人注意到猎物的踪迹,甚至能鉴定出这些踪迹是新的还是老的,而一个没有经验的人则什么都看不出来。

有超常天赋的人主要的优势也许在于他们有一种超常的心理感受力。由于具有极度灵敏的感受力,他能感觉到进展的细微标志,或者注意到这些标志的缺乏,而天赋不那么高的人则感觉不到一点差别。

[6. *探索法三段论*。在第2点中我们碰到了探索式推理的一种方式,这种推理方式值得进一步的考虑并给予一个专门的术语。我们从用下面这种形式重新叙述这种推理方法开始:

如果我们正在靠近陆地,就常常会看到鸟类。

现在我们看到了鸟类。

因此,认为我们正在接近陆地就更可靠了。

横线上面的这两条叙述可以称为前提,横线以下的叙述可以称为结论,而整个推理的模式可以定义为一种*探索法三段论*。

这里叙述的前提的形式和第2点中相同,而结论的措词则更为仔细,更加强调了一个基本情况。哥伦布和他的船员从一开始就猜测,向西航行他们最终必会找到陆地;而且他们肯定比较信赖这种猜测,否则的话他们根本就不可能出发。在航行中,他们将无论巨细的每件事都联系到他们最为关切的问题:"我们是否正在接近陆地?"他们的信心随着事件的发生与否上下起伏,而每个人的信念又多少依据他的背景和性格的不同而波动。航程中整个戏剧性的紧张气氛就是由这种信心的波动引起的。

这里所引用的探索法三段论为信心程度的变化提供了一个合理的背景。有时这种变化在这类的推理中起着主要的作用,这一点在此处的叙述要比在第2点中的叙述表达得更好。

我们的例子所提供的一般模式可以表示如下:

由已知,如果A正确,则B也正确。

现在最后证明了B正确。

因此,A变得更加可信。

更简短地讲:

若有A则有B

B为真

A更可信

在这种图表式的表述中,横线代表"因此",并表示蕴含,即前提和结论之间的主要联系。]

[7. *似真论证的性质*。我们在这本小册子中讨论的是一个哲学问题。我们尽可能务实地、口语化地讨论这一问题,并尽可能远离高深莫测的表达式,但尽管如此,我们的论题还是哲学性的。它涉及探索式论证的性质,拓展来说是一种虽然重要却非证明性的论证,而且由于没有更好的术语,我们可以称这种论证为*似真论证*。

使创造者相信他的念头是好念头的标志、在日常事务中引导我们的指示、律师的旁证、科学家的归纳性证据、在很多不同的学科中都有运用的统计学证据——所有这些类型的证据都有两个基本的相同点。首先,它们没有严格证明的确定性;其次,它们本质上对于获取新知识是很有用的,对于任何非纯数学或逻辑的知识,以及对于涉及物质世界的任何知识甚至都是不可或缺的。我们可以称构成这种证据的基础的那种论证为"探索式论证"或者(如果我们希望避免扩展现有术语的意思的话)"似真论证"。这里我们采用了最后一个术语。

前面所介绍的探索法三段论可以看作似真论证中最简单也是最普及的模式。它使我们想起证明性论证的经典模式和所谓的"假设三段论法否定模式"(modus tollens of hypothetical syllogism)。我们在这里将两种模式并列如下。

证明性的	探索式的
若有A则有B	若有A则有B
B为假	B为真
A为假	A更可信

把这两种模式加以比较可能会有所启发。它可以赋予我们对于似真(探索式、归纳)论证的性质的一种洞察力,这是任何其他地方都不容易得到的。

这两种模式都具有同样的第一前提:

若有A则有B

而它们在第二前提上产生了区别,此时的陈述是:

B为假　　　　B为真

两者恰恰是彼此对立的,但它们又具有"相似的逻辑性质",处于同一"逻辑水平"上。在前提之后,出现了巨大的差别,结论

A为假　　　　A更可信

则处于不同的逻辑水平,并且它们与各自前提之间的联系具有不同的逻辑性质。

证明性三段论的结论和它的前提具有相同的逻辑性质。此外,它的结论得到了充分表达,并完全以前提为其支持。如果我和我的邻居都同意接受其前提,我们也就没有理由不同意接受其结论,不论我们的喜好或其他信念可能存在着多大的分歧。

探索法三段论的结论和其前提的逻辑性质不同。它比较模糊,不太清晰,表达也不那么充分。这个结论好比一个力,具有方向和大小。它将我们向某一个方向推:A变得更为可信了。这个结论也有某种强度:A可能变得可信得多或者只是更可信了一点。这个结论表达不充分,其前提也不完全支持它。方向得到了表达并蕴含在前提之中,而大小则没有。对于任何一个通情达理的人来说,前提就包含着A变得更加可信(当然就不是更加不可信);然而我和我的邻居还是可以坦率地在A变得更可信到什么程度这一点上产生分歧,这是由于我们在性情、背景及其他未明确说

明的因素上的差别。

在证明性三段论中，前提构成了结论所依据的充分基础。如果两个前提都成立，则结论也成立。如果我们得到了某些新信息，而它不足以改变我们对前提的信任，那么它也不可能改变我们对结论的信任。

在探索法三段论中，前提只构成结论所依据的基础的一部分，即基础中充分表达的、"可见"的那部分。还有未予表达的不可见部分，它们是由其他一些东西组成的，也许是一种难以言喻的感觉，或者是未明确说明的原因。事实上，我们有可能获得某些新的信息，这些新的信息虽然完全不触及我们对两个前提的信任，但却以与一种结论中的表达完全对立的方式影响到我们对A的信任。以我们探索法三段论的前提为基础来发现A更可信，这仅仅是合理的。但是过了一天我们可能会找到一些根据，它们与这些前提根本没有任何抵触，但是却使A看起来不那么可信了，或者甚至会明确地驳倒它。结论可能由于其基础中不可见的那一部分的动摇而受到动摇，甚至完全被推翻，虽然它的前提(即可见部分)依然相当稳固。

上述说明似乎多少可以使探索式、归纳式和其他类型的非证明性似真论证更容易理解，这些论证从纯证明性的逻辑看起来，是相当令人困惑难解和难以捉摸的。看来要完成这里所选择的讨论方法，我们似乎需要更多其他具体的例子，考虑其他类型的探索法三段论以及研究概率及其相关概念。参见本书作者的《数学与猜想》一书。]

探索式论证是很重要的，虽然它们证明不了任何东西。阐明我们的探索式论证也是很重要的，虽然在任何阐明了的理由背后还会存在其他许多含糊的内容，而这些内容很可能会更加重要。

特 殊 化

(*Specialization*)

特殊化是从考虑一系列给定对象构成的集合过渡到考虑此集合的一个子集或者仅仅一个对象。特殊化常常有助于解题。

1. 例子。在一个三角形中，令r为其内切圆的半径，R为其外接圆的半径，H是它最长的高。那么

$$r+R\leqslant H。$$

我们必须证明(或者否证)这条定理[9]，我们有了一个"证明题"。

所提的定理并不属于那种常见的类型。我们几乎想不起关于三角形的哪一条定理具有相似的结论。如果我们想不起别的，可以试验这个不熟悉的论断的某个特例。而我们最熟悉的特殊三角形就是等边三角形，对于它，

$$r=\frac{H}{3},\qquad R=\frac{2H}{3}。$$

因此在这种情形中，所要求证的论断是正确的。

如果没有出现别的思路，我们可以试验等腰三角形这个更广泛一些的特例。等腰三角形的形状随顶角的不同而改变，而且此时存在着两种极端(或极限)情况，一种情况是顶角变成0°，另一种情况是顶角为180°。在第一种极端的情况下，该等腰三角形的底边消失了，显然，

$$r=0,\qquad R=\frac{1}{2}H。$$

这样论断就被证实了。而在第二种极限情况下，三边都消失了，于是有

$$r=0,\qquad R=\infty,\qquad H=0。$$

此时论断没有被证实，所以我们已经证明了所提的定理是错误的，由此我们就解决了这道题目。

顺便说一下，对于非常扁平的等腰三角形，由于它的顶角接近180°，所提的定理也是错误的。所以我们就可以"冠冕堂皇地"忽略那些极端情况，因为考虑这些极端情况看来不那么"正统"。

2. “例外证明规律”*。我们必须把这句广为人知的俗语当作一句玩笑，来嘲笑某种逻辑的不够严谨。如果我们严肃认真地对待事物，无疑一个例外就足以无可争辩地驳倒任何自称的规则或一般命题。驳斥这样的命题最常用的、从某些方面说也是最好的方法，就是要准确地举出一个与它不相符的对象，某些作者称这类对象为*反例*。

所谓的一般命题和某一组对象有关。为了驳倒这一命题，我们进行*特殊化*。我们从这组对象中选出一个与它不相符的对象。前面(第1点中)的例子说明了该怎样去做。我们一开始可以检验任何一个简单的特例，也就是在任何便于我们试验的对象中多少有些随机地抽取一个。如果试验表明这种情况和上述一般命题不符，这一命题就被推翻了，而我们的任务也就完成了。而如果检验的对象与命题相符，我们也有可能在对它的检验中获得某种暗示。我们终究可能会产生一种印象，认为这一命题有可能是正确的，并且得到某种提示，即该沿什么方向去寻求证明。或者，我们也可能如第1点中的例子那样，得到某种关于应该沿着什么方向去寻找反例的提示，也就是我们还应该试验哪些其他特例。我们可以改变刚才试验过的那个例子，变换它，研究某个更为广泛的特例，寻找极端情况，就像第1点中例示的那样。

极端情况特别具有启发性。如果一个一般命题理应适用于所有的哺乳动物，那么它就必须适用于哪怕是像鲸这样非同寻常的特殊哺乳动物。我们别忘记鲸这样的极端情况。通过检验它，我们就可能推翻这个一般命题，我们很有机会推翻它，这是由于这样的极端情况容易被作出一般命题的创造者所忽略。然而，如果我们发现这个一般命题即使在这种极端情况下也能被证实，那么从这一证明中得出的归纳性证据将是强有力的，这正是因为原先要推翻它的期望是很强烈的。于是，这使我们有兴趣把一开始提出的那条俗语重新陈述如下：“预期中的例外能检验规则。”

3. *例子*。已知两艘船的速度和它们在某一时刻的位置，两船都沿直线匀速行驶，求两船相距最近时的距离。

*未知量是什么？*两个运动物体之间的最短距离。这两个物体应被看

* 原文为法语“L’exception confirme la règle”。——译者

作质点。

已知数据是什么？两个运动质点的初始位置和它们的速度。速度在大小和方向上都不变。

条件是什么？必须确定两船间的最短距离，也就是两动点(船)彼此最接近时的距离。

画一张图。引入适当的符号。在图19中，点A和B表示两船已知的初始位置，有向线段(向量) $\overline{AP}$ 和 $\overline{BQ}$ 表示已知的速度，也即第一艘船沿通过点A和P的直线运动，并在单位时间内走过距离AP。第二艘船也相似地沿直线BQ运动。

未知量是什么？两船的最短距离，其中一船沿AP航行，另一船沿BQ航行。

图19

至此，我们要寻找的东西已经很清楚了。但是，如果我们希望只使用初等的方法，就可能仍然毫无头绪。这道题目不太容易，它的困难在于它的某些特别微妙之处，我们可以用“变化因素太多”这句话来表达。初始位置A和B，以及速度 $\overline{AP}$ 和 $\overline{BQ}$ 可以用多种方式给出；事实上，四点A、B、P、Q都可以任意选择。不管已知数据是怎样的，要求的解答必须都能适用，而我们还不知道怎样能使得同一个解答能适用于所有这些可能性。出于这种"变化因素太多"的感觉，最终也许会出现下面的问题和回答：

你能否想到一道更容易着手的相关题目？一道更为特殊化的题目？当然，在一种极端的特殊情况下，其中的一条船的速度为0。是的，B点处的那艘船可能抛锚停泊了，Q也许和B在同一点上。静止的船与运动的船之间的最短距离垂直于后者所运动的直线。

4. 如果上述念头出现时，随之预感到前面还有所可为，并感觉到这种极端的特殊情况（这种情况可能看来太简单因而关系不大）会起一定的作用——那么它确实是一个出色的念头。

这里有一道题目和你的题目有关，就是你刚才解过的那道特殊题目。你能利用它吗？你能利用它的结果吗？为了有可能利用它，你是否应该引入某个辅助元素？应该要利用它，但是怎样利用呢？怎样把B静止情况下得出的结论应用到B运动的情况中去呢？静止是运动的特殊情况，而运动是相对的——因此，无论给定的B的速度是什么，我都可以把B看作是静止的！想法现在更清楚了：如果我使由两艘船组成的整个系统具有同样的匀速运动，那么它们的相对位置保持不变，相对距离保持不变，特别是由此题目要求的两船之间的最短相对距离也保持不变。于是，我可以加上一个运动，使其中的一艘船速度降为零，这样就把这种问题的一般情况简化为我们刚才解过的特殊情况了。我们在$\overrightarrow{BQ}$和$\overrightarrow{AP}$上都加上一个速度，它和$\overrightarrow{BQ}$方向相反但大小相同。这是一个辅助元素，它使我们有可能利用特殊的结果。

这段最短距离BS的作法见图20。

5. 前面的解答（见第3、4点）具有一种逻辑模式，值得我们分析和牢记。

为了解决我们原来的题目（第3点的最初几行），我们先解答了另一道题目，我们可以很恰当地称这道题目为辅助题目（第3点中的最后几行）。这道辅助题目是原题的一种特殊情况（极端的特殊情况是两船中的一艘静止）。原题是出题者提出的，辅助题目是在解答的过程创造出来的。原题看上去很难，辅助题目的解答则是直截了当的。辅助题目作为

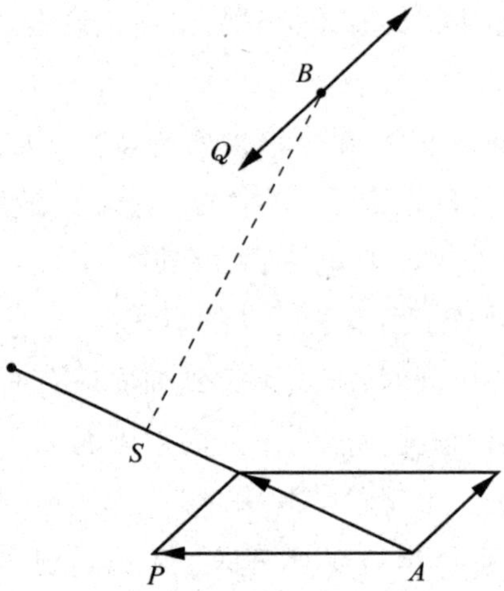

图20

一种特殊情况，实际上比原题所追求的目标要小。那么我们怎么能在这道辅助题目的基础上解答原题呢？这是因为在将原题化简为辅助题目的过程中，我们增加了一个重要的补充性说明（关于运动的相对性）。

我们成功地解答了原题，应归功于以下两点：第一，我们创造了一道有利的辅助题目；第二，我们发现了将辅助性题目过渡到原题的一个适当的补充性说明。我们用两步解答了提出的题目，就像如果我们足够幸运，在小溪的中间发现一块合适的石头可以充当临时的落脚点，我们就可以跨两步而越过这条小溪。

总而言之，在解答比较困难的、目标大的、一般化的原题时，我们利用不太困难的、目标较小的、特殊化的辅助题目作为一块*垫脚石*。

6. 特殊化还有其他许多用途，我们无法在这里讨论了。我们可以仅仅提一下，它在检验解答时也是有用的（见**你能检验这个结果吗？** 2）。

一种比较原始的特殊化常常对教师有用。它就在于对题目中抽象的数学概念给出某种*具体的*解释。例如，如果题目中有一个长方体，教师可以把他讲课的那个教室当作一个例子（见第一部分第8节）。在立体解析几何中，教室的一个角可以作为坐标的原点，地板和两面墙作为坐标平面，教室的两条水平的边和一条垂直的边作为坐标轴。在解释旋转面的概念时,教师用粉笔在门上画一条曲线,然后慢慢地打开门。这些当然只是简单的技巧,但是任何有可能使学生完全理解数学的东西都不应遗漏:数学是一门非常抽象的学科,应该十分具体地把它阐述出来。

潜意识活动
(*Subconscious work*)

有一天晚上,我本想和一个朋友讨论某一个作家,但我却记不起那个作家的名字了。我烦躁不堪,因为我能相当清楚地记得他的一部小说。我也能记得我想说的关于这个作家本身的某件轶事;事实上,除了他的名字以外,我什么都记得。我反复地尝试去想起他的名字,但一切都只是徒劳。第二天早晨,我一想起前一天晚上的烦恼事,这个名字就出现在我脑海里,不费吹灰之力。

读者很可能也记得自己的一些类似经历。而且,如果他是一个热心解题的人,他也许在解题方面也会有类似的经历。常常会发生这样的情况,你对一道题目束手无策,你非常努力地去做却一无所获。但是当你休息了一夜或隔了几天再来做这道题目时,一个出色的念头就出现了,题目迎刃而解。这与题目本身的性质并没有多大的关系;一个忘记的单词、字谜中的一个难词、一封讨厌的信件的开头,或是一道数学题目的解答都可能这样被回忆出来。

这种偶发事件给人的印象是*潜意识活动*。事实是,一道题目在经过一段时间的搁置后,可能会重新回到意识中来,而且基本上一清二楚了,比我们把它们抛在脑后时与解答要接近得多。谁使它清楚了,谁使它更接近答案了?明显的,这就是你自己,你一直在*潜意识中*活动。除此以外,很难给出其他什么答案,虽然心理学家们已经发现了另一种答案的开始部分,也许有朝一日它会更令人满意。

不管潜意识的理论有没有价值,确定无疑的是,存在一个限度,超过了这个限度我们就不能迫使意识作出反应。有些时候,我们最好把题目暂时搁置一段时间,"谋之于枕"是一句古老的忠告。把问题暂时放一下,次日你就有可能事半而功倍。"来日方长"是另一句古老的格言。不过将我们希望稍后回头再做的题目在没有取得任何成就的情况下就搁置一边则是不可取的;在停止工作以前题目至少应该已经解决了一点,问题的某个方面应有所阐明。

只有那些我们热切地希望解答的题目,或是我们曾经很紧张地解答过的题目,回头再来做时才会有所进展;看来要使潜意识活动继续,主观意识的努力和紧张也是必不可少的。不管怎么说,如果不是这样的话,那么未免也太容易了;我们只要靠睡觉或者坐等好主意的出现就可以解答难题了。

古时候,人们把一个突然出现的好念头看作是灵感,是神的恩赐。你必须努力工作,或者至少要有强烈的愿望,才配得到这样的恩赐[10]。

对　称　性
(*Symmetry*)

对称性有两种意义，一种是比较常用的、特定的几何意义；另一种则是不太常用的、一般的逻辑意义。

初等立体几何考虑两种类型的对称性，即关于一个平面（称为对称平面）的对称性和关于一个点（称为对称中心）的对称性。人体看起来相当对称，但实际上却不是，许多内部器官的排布都是很不对称的。一座雕像关于一个垂直平面可能是完全对称的，以致它的两半看起来是完全“可以互换的”。

用更加广为接受的话来说，如果一个整体具有几个可以互换的部分，就可以称之为对称的。有许多类型的对称性，它们的区别在于可以互换的部分的数目，以及交换各个部分的操作。因此，立方体是高度对称的，它的6个面彼此都可以互换，它的8个顶点及12条棱也是如此。下面的表达式

$$yz + zx + xy$$

是对称的，互换x、y、z三个字母中的任意两个都不会改变这个表达式。

总的来说，对称性对我们的论题是很重要的。如果一道题目具有某些方面的对称性，我们常常能得益于注意到它可以互换的各部分，而且常常值得我们用同样的方式来处理那些起相同作用的部分（见**辅助元素**，3）。

对称的东西要尽量对称地去处理，不要随意破坏任何自然的对称性。然而，有时候我们还是不得不用非对称的方式来处理自然对称的东西。一双手套当然是对称的，但是没有人会非常对称地对待它们，没有人会同时去戴两只手套，只会先戴一只，然后再戴另一只。

对称性对于检验结果也可能有用。参见第一部分第14节。

新旧术语
(*Terms, old and new*)

描述解题活动的新旧术语常常是含糊不清的。人人都熟悉解题活动的本身,也常常加以讨论,但是像其他思维活动一样,要描述它则很困难。在缺乏系统的研究时,没有用以描述它的专业术语,而某些常用的半专业术语只会增加这种混乱,因为不同的作者在用这些术语时会有不同的意思。

下面简短地列出了一些常用的新术语和一些在现在的研究中避而不用的旧术语,还有一些尽管词义含糊但仍保留下来的旧术语。

读者可能会被以下对术语的讨论搞得糊里糊涂,除非他的概念已经在实例中得到了充分的巩固。

1. 分析的定义是由**帕普斯**简洁地给出的,这是一个有用的术语,描述了一种拟订方案的典型方法,即从未知量(或结论)开始,然后向着已知数据(或题设)倒着干。不幸的是,这个词已经获得了一些非常不同的意义(例如数学分析、化学分析和逻辑分析),因此很遗憾地,在目前的研究中就避免使用它。

2. 条件将一道"求解题"的未知量和已知数据联系起来(见**求解题、证明题**,3),在这种意义下,它是一个清晰有用的、不能避免的术语。常常有必要将条件分成几个部分,[在**分解和重组**,7,8的例子中分解成(Ⅰ)和(Ⅱ)两个部分。]原条件的每一个部分也常常被称为一个条件。通过引入一个专门术语来表示整个条件的各个部分,这种带来麻烦的含糊不清就很容易避免了,例如每一个部分可称为一个"条款"。

3. 题设表示一条较常见的数学定理的一个重要部分(见**求解题、证明题**,4)。在这个意义上,这个术语十分清晰,也令人满意。困难在于原题设的每一个部分也叫做一个题设,因此原题设就可能包含好多个题设了。补救的方法是,将整个题设的每一个部分称为"条款"或与此相似的什么。(与前文关于"条件"的说明作比较。)

4. 题目的主要部分在**求解题、证明题**,3,4中已经作了定义。

5. 求解题、证明题是一对新术语。我们遗憾地引入它们来代替历史术语,因为这些术语已经被现在的用法弄得混乱,无法补救。在希腊数学课本的拉丁译文中,这两种题目统称为“propositio”,“求解题”称为“problema”,而“证明题”则称为“theorema”。在旧式的数学用语中,命题(proposition)、题目(problem)、定理(theorem)这些词仍具有这种“欧几里得式的”意义,但这种情况在现代的数学语言中已经完全改变了,这说明我们引入新的术语是有道理的。

6. 渐进论证被不同的作者用以表示不同的意思,有些作者则用它表示“综合”的古老含义(参见下面第9点)。后面这种用法还是有理可循的,但我们在这里避免使用这个术语。

7. 逆向论证被有些作者用来表示“分析”这一词的古老含义(试与第1点、第6点作比较)。这个术语也有理可循,但在这里同样避免使用。

8. 如果只考虑它的纯数学含义,解答是一个完全清晰的术语;它表示任何一个能满足一道“求解题”条件的对象。因此,方程$x^2-3x+2=0$的解答就是它的根,即数字1和2。不幸的是,这个词还具有其他非纯数学的含义,这些含义也和它的纯数学含义一并为数学家所用。解答的意思也可能是指“解题的过程”,或者也指“在解题时所做的工作”,我们在谈论“费力的解答”时就用了它的这个意思。解答的意思也可能是解题时所做工作的结果,在我们讲到一个“高明的解答”时可能会用到它的这个意思。但是,我们可能必须在同一句句子中既谈到满足题目条件的对象,又谈到求得它所做的工作,还要谈到这一工作的结果;如果我们不加区分地把这三种内容都叫做“解答”,这个句子就不可能表达清楚。

9. 综合曾被**帕普斯**用以表示一个有严格定义的意思,这个意思值得我们保存下去。但遗憾的是,这个术语也由于与其对应的词——“分析”相同的原因(参见第1点),在目前的研究中避而不用。

量纲检验

(*Test by dimension*)

量纲检验是一种广为人知的快捷而有效地检验几何或物理公式的方法。

1. 为了回忆起这种检验方法是怎样操作的，我们来考虑一个正圆台。设

R为下底面半径，

r为上底面半径，

h为圆台的高，

S为圆台侧面积。

如果R、r、h已知，则S显然也就定了。我们求出其表达式为

$$S=\pi(R+r)\sqrt{(R-r)^2+h^2},$$

我们希望对它应用量纲检验法。

一个几何量的量纲是显而易见的。R、r、h是长度，如果我们采用国际单位制，它们是用厘米来量度的，于是它们的量纲就是cm。面积S是用平方厘米来量度的，它的量纲是cm^2。而$\pi=3.14159\cdots$是一个纯粹的数；如果我想给纯数字量制定一个量纲，那它必然是$\mathrm{cm}^0=1$。

被相加的各量必须具有相同的量纲，而它们的和也必须具有同一量纲，因此R、r和$R+r$具有同一量纲，即cm。$(R-r)^2$和h^2这两项具有（必定具有）同一量纲cm^2。

乘积的量纲等于它的各因子的量纲之积，而乘方也有类似的规则。在我们检验的公式中用量纲代替等号两边各量，我们就得到

$$\mathrm{cm}^2=1\cdot\mathrm{cm}\cdot\sqrt{\mathrm{cm}^2},$$

这显然是正确的。上述检验没有查出这个公式里有什么错误，于是公式就通过了检验。

其他例子见第一部分第14节，和**你能检验这个结果吗？**2。

2. 我们可以将量纲检验应用于题目的最终结果或中间结果中，应用于我们自己的工作或别人的工作中（非常适用于追查考卷中的错误），以

及我们回忆起来的公式或猜测出来的公式中。

如果你想起球的面积和体积是$4\pi r^2$和$\frac{4\pi r^3}{3}$，但是不很确定哪个是哪个，运用量纲检验就可以轻易地消除疑虑。

3. 量纲检验在物理学中比在几何学中更为重要。

让我们考虑一个“单”摆，即用一根线把一个小的重物悬挂起来，其中我们认为线的长度不变，线的重量也可以忽略。用l表示线的长度，g表示重力加速度，T表示该单摆的周期。

力学上的考虑表明，T只取决于l和g，不过三者之间的关系是怎样的？我们可能会记得或者猜测

$$T=cl^m g^n,$$

式中c、m、n是数值常数。也就是说，我们假设T与l、g的某次幂l^m、g^n成正比。

我们来看一下量纲。由于T是时间，它用秒来量度，其量纲是sec，长度l的量纲是cm；加速度g的量纲是$\mathrm{cm \cdot sec^{-2}}$；数值常数$c$的量纲则是1。由量纲检验得出等式

$$\mathrm{sec} = 1 \cdot (\mathrm{cm})^m (\mathrm{cm \cdot sec^{-2}})^n,$$

或

$$\mathrm{sec} = (\mathrm{cm})^{m+n} \mathrm{sec}^{-2n}。$$

等式两边的基本单位cm和sec必须具有相同的指数，由此我们就得到

$$0 = m + n, \qquad 1 = -2n,$$

所以

$$n=-\frac{1}{2}, \qquad m=\frac{1}{2}。$$

因此周期T的公式必为下面的形式

$$T=cl^{\frac{1}{2}} g^{-\frac{1}{2}}=c\sqrt{\frac{l}{g}}。$$

在这个例子中，量纲检验提供了很多东西，但它并不能提供一切。首先，它对于常数c的值没有给出任何信息（事实上它的值为2π）；其次，它

对于这个公式适用的范围没有提供任何有效的信息。这个公式只适用于小角度摆动，所以它只是近似成立（它只对“无限小”振动才是精确的）。尽管有这些局限性，量纲检验无疑已经使我们以最基本的方法迅速预见到结果的一个重要部分，而彻底讨论这个结果需要高深得多的方法。在许多相似的情况下也都如此。

未来的数学家
(*The future mathematician*)

未来的数学家应该是一个聪明的解题者,但仅仅做一个聪明的解题者是不够的。在适当的时候,他应该去解答重大的数学题目,而首先他应该搞清楚他的天资特别适合于哪种类型的题目。

对他来说,工作中最重要的那部分就是回去再看一下完整的解答。通过考察他的工作过程和最后的解答形式,他会发现要观察认识的东西真是千变万化,层出不穷。他可以深思题目的困难之处及决定性的观念,他可以尝试去了解是什么阻碍了他,又是什么最后帮助了他。他可以注意寻找简单直观的念头:你能一眼就看出它来吗?他可以比较和发展各种方法:你能以不同的方式推导这个结果吗?他可以尝试通过将当前的题目和以前解过的题目作比较以使当前的题目更加清晰。他可以尝试创造一些新题目,而这些新题目可以根据他刚刚完成的工作解答出来:你能在别的什么题目中利用这个结果或这种方法吗?如果他对解答过的题目尽可能地完全消化吸收,他就可以获得井然有序的知识,以备今后随时调用。

和其他所有人一样,未来的数学家通过模仿和练习来学习。他应该注意寻找正确的典范来模仿;他应该觉察到一个能激励人心的教师;他应该和一位能干的朋友竞赛。然后,可能最重要的是,他不仅应该阅读通用的教材,还应阅读优秀作者的作品,直到他找到一个作者,其方式是他天生倾向于模仿的。他应该欣赏和寻求在他看来简单的或有启发性的或美的东西。他应该解题,选择适合他思路的那些题目,思考它们的解答,并创造新的题目。他应该通过这些方法及所有其他方法来努力作出他的第一个重大发现:他应该发现自己的好恶、趣味以及自己的思路。

聪明的解题者
(*The intelligent problem-solver*)

聪明的解题者常常会问自己那些与我们表中所列出的相似的问题。他也许能自己发现这种问题,或者在听到这样一个问题后自己发现它的恰当用法。他也许根本没有意识到自己把同一个一成不变的问题重复了一遍又一遍。或者这个问题是他偏爱的,他知道这个问题是他思维状态的一部分,适合于工作中这样或那样的一个阶段,并通过问这个正确的问题来唤起正确的思维状态。

聪明的解题者会发现我们表中的那些问题和建议很有用。他能很好地理解用来说明某一个问题的解释和例子。他会猜到该问题的正确用法,但是除非他自己偶然发现了一个解题过程(它是该问题力图在他的工作中引发的),并在体验到它的用处后自己发现了该问题的正确用法,否则他就不能达到真正的理解。

聪明的解题者应该准备询问表中所有的问题,但是除非他通过仔细思考手边的题目,并通过自己不带偏见的判断,认为有必要这么做,否则他不会提出任何一个问题。事实上,他必须自己认识到目前的这种情况和他曾经看到过的成功地应用了这个问题的另一种情况是否足够相似。

聪明的解题者首先要做的是尽可能充分、清楚地理解题目。然而光有理解是不够的;他必须全神贯注于题目,他必须热切地期望获得解答。如果他不能真正唤起解题的欲望,还不如置之不理。获得真正成功的公开秘密就是要全身心地投入到题目中去。

聪明的读者
(*The intelligent reader*)

一位聪明的数学书读者有两种愿望:

首先,看到论证的当前一步是正确的。

其次,看到当前这一步的目的。

一位听数学报告的聪明的听众也有与此相同的愿望。如果他看不出当前这步论证的正确性,甚至怀疑它可能是不正确的,他就会表示异议,并提出一个问题。如果他看不出当前这一步的目的,也猜不出这么做有什么理由,那么通常他甚至不能系统地提出清楚的反对意见。他没有表示异议,只是觉得灰心而厌烦,并丧失了论证的线索。

聪明的教师和聪明的教科书编写者应该把上述各点牢记在心。讲得正确和写得正确当然是很必要的;但这还不够。出现在书中或黑板上的一个正确推导,如果连续几步的目的都不可理解,如果读者或听众不能够理解在人类力所能及的范围怎样可能找到这样一个论证,如果他不能从推导过程中得出任何关于他自己怎样能找到这样一个论证的建议,那么这个推导就可能是难以接受的,而且没有指导意义。

我们表中的问题和建议对于教师和作者在强调他们的论证的目的和动机方面是很有用的。在这方面特别有用的是这个问题:**你用到所有的已知数据了吗?** 作者或教师可以通过问这个问题来说明,有充分的理由去考虑迄今还未曾用过的那个数据。读者或听众也可以将同样的问题用作理解作者或教师考虑这样或那样一个组成部分的理由,而且他可能会觉得,通过问这个问题,他自己也能发现论证的这一步。

传统的数学教授

(*The traditional mathematics professor*)

民间传说中传统的数学教授是心不在焉的。他当众出现时，常常好像双手都拿着丢失了的雨伞似的。他宁愿面对黑板，也不愿意转过身来面对班级。他写的是a，说的是b，意思指c，实际上应该是d。他的一些名言一代一代地传了下来。

"要解这道微分方程，你就盯着它看，直到你想到一种解法。"

"这个原理是如此普遍，它不可能有什么特殊应用。"

"几何是根据不正确的图形做出正确推理的艺术。"

"我克服困难的办法就是绕过它。"

"方法和手段有什么不同？方法就是你用了两次的手段。"

不管怎么说，你还是能从这位传统的数学教授那儿学到一点东西的。我们希望那种你从他身上学不到任何东西的数学教师可不要变成传统的才好。

变化题目

(*Variation of the problem*)

一只飞虫(正如别处所提到过的那样)试图穿过窗玻璃逃出去,它一遍又一遍地重复这个没有希望的动作,却不去试试旁边那扇开着的窗,而它就是穿过那扇窗飞进屋子里来的。老鼠可能要聪明一些,它落入鼠笼以后,试图从两根栅栏之间挤出来,然后再试另外两根,如此这般。它改变它的尝试,探索各种可能性。人能够,或者说应该能够更加聪明地改变他的尝试,以更深入的理解来探索各种可能性,通过自己的错误和缺点来认识。"试试,再试试"是一条流行的忠告。它是一条很好的忠告。飞虫、老鼠和人都遵照它办事;但是如果哪个遵照它办事的人比另一个更成功的话,那是因为他能更聪明地变化他的题目。

1. 在我们的工作结束时,当我们得到了解答以后,我们对题目的概念要比一开始更加丰富,更加充分。由于我们期望将对于题目最初的概念进展到一个更加充分、更加适合的概念,我们尝试不同的立场,从不同的方面来观察题目。

解题的成功决定于选择正确的角度,决定于从容易接近的一侧来攻克要塞。为了找出哪一个角度是正确的,哪一侧是容易接近的,我们要尝试各种侧面和角度,我们要变化题目。

2. 题目的变化必不可少,这个事实可以用不同的方式来解释。从某种观点来看,解题中的进展似乎就是对以前获得的知识进行了动员和组织。我们必须从记忆中提炼出某些元素并运用到题目中去,现在,题目的变化能帮助我们提炼出这样的元素。怎样帮助呢?

我们记忆事情是通过一种叫做"思维联想"的"联系活动"来进行的。我们记忆中现存的东西往往使我们回忆起在以前某种情况下与它有联系的东西。(这里由于篇幅所限,同时也没有必要对关联理论作比较简洁的介绍,或是去讨论它的局限性。)变化题目时,我们引入新的内容,从而建立了新的联系,产生联系与我们的题目有关的各元素的新的可能性。

3. 我们不能指望没有极度的专心就能解答什么有价值的题目。但是如果非常专心地集中注意力于某一点上，我们很容易就会感到疲劳了。为了保持我们的注意力活跃，注意力指向的对象必须不断地改变。

如果我们的工作获得进展了，还有一些事情要做，还有一些新的点要检验，我们的注意力就被占据了，兴趣也活跃起来。但是如果我们没有获得任何进展，我们的注意力就会松懈，兴趣就会减退，我们对题目感到厌倦，思想开始涣散，接下去就可能有整个儿失去题目的危险。为了逃离这种危险，我们必须给自己提出一个关于这道题目的新问题。

这个新问题提供了一种未经考验的、与我们以前的知识发生联系的可能性，它重新唤起我们对建立有用的联系的希望。这个新问题通过变化题目，展现它的某个新的方面，重新引起了我们的兴趣。

4. 例子。四棱台的底面是正方形，已知它的下底面边长为a，上底面边长为b，棱台高为h。求该棱台的体积。

这个题目可以向熟悉棱柱及棱锥体积公式的班级提出。如果学生们自己想不到什么主意，教师可以从变化题目中的已知数据开始。我们开始时的棱台是$a>b$的。如果b不断增大直到它与a相等时会怎样呢？这时棱台就变成了一个棱柱，问题中的体积变成a^2h。如果b不断减小直到它等于0时又会怎样呢？这时棱台变成了一个棱锥，问题中的公式变成了$\frac{a^2h}{3}$。

这种数据的变化首先有利于产生对题目的兴趣。其次，它可以提示以这种或那种方式来利用引入的关于棱柱和棱锥的结果。不管怎么说，我们已经得到了最后结果的一些明确性质，最终的公式在$b=a$时应简化为a^2h，在$b=0$时应简化为$\frac{a^2h}{3}$。能预见到我们试图得到的结果的性质是有好处的。这种性质能给我们提供有价值的建议，不管怎样说，在得到最终的公式以后，我们能够利用这种性质来检验它。因此，我们对于下面这个问题预先就有了一个答案：**你能检验这个结果吗?**（见该节第2点）

5. 例子。已知梯形的四边长为a、b、c、d，求作这个梯形。

令a为梯形下底，c为上底；a和c平行但不相等，b和d不平行。如果想不出任何其他主意的话，我们可以从变化数据开始。

我们从一个$a>c$的梯形开始。如果c不断减小直到它等于0时会怎样呢？这时梯形退化成一个三角形。现在，三角形是一个熟悉而简单的图形，我们能用不同的数据来作出三角形；引入这样的三角形到这个图形中是会有些好处的。我们通过只画出一条辅助线，即梯形的一条对角线，就将它引入了(见图21)。然而我们检验这个三角形时却发现，它几乎没有什么用处。我们知道它的两条边a和d，但我们应该要有三个数据才行。

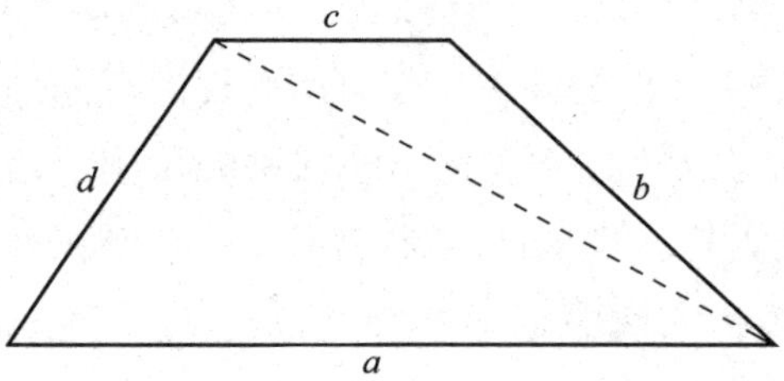

图21

让我们来试一下其他途径。如果c不断增大直到和a相等时又会怎样呢？这时梯形变成了一个平行四边形，我们能利用它吗？稍作一下检验(见图22)，我们就注意到在画平行四边形时添加在原来的梯形上的那个三角形。这个三角形很容易画出，我们知道它的三个数据，即它的三条边b、d和$a-c$。

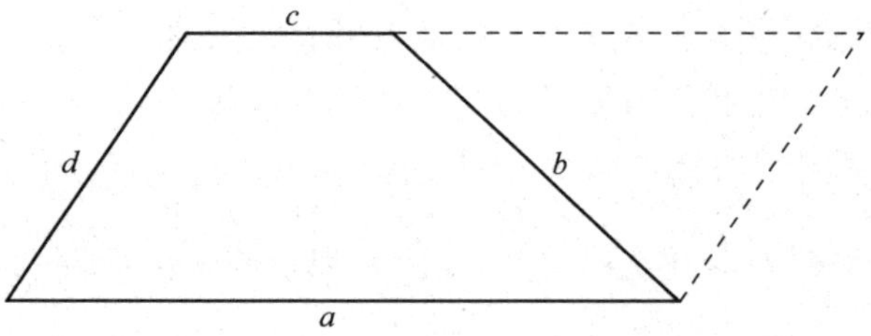

图22

通过变化原题(求作梯形)，我们已经被引导到一道更容易着手的辅助题目(求作三角形)。利用这道辅助题目的结果我们就可以轻易地解答原来的题目(我们必须将这个平行四边形画完整)。

我们的例子是有代表性的。我们第一次尝试的失败也是有代表性的，但是我们回过头来看它时，就会发现第一次的尝试也不是完全没用的。其中还是有些思想，尤其是，它给了我们一个良机，能想到作出一个三角形来作为达到目的的途径。事实上，我们正是通过修改我们第一次不成功的尝试才得到了第二次成功的尝试。我们变化了c，先是尝试减小它，然后又尝试增大它。

6. 正如在前面的例子中那样，我们常常必须尝试对题目作不同的修改。我们必须一次又一次地变化、重述、变换，直到最终成功地找到一些有用的东西。我们可以在失败中学习，在一次不成功的尝试中也许会有某个好的想法，而且我们通过修改一次不成功的尝试也许可以得到一个更为成功的尝试。如上例所示，我们在不同的尝试后得到的往往是一道更容易着手的辅助题目。

7. 有一些变化题目的方式是典型有用的，诸如回到**定义**上去、**分解和重组**、引入**辅助元素**、**普遍化**、**特殊化**，及使用**类比**等等。

8. 我们刚才(第3点中)谈到有关能重新赢得我们兴趣的新问题的内容，对正确使用我们的表是很重要的。

教师可以利用这张表来帮助他的学生。如果学生有进展，他就不需要任何帮助，教师也不应问他什么问题，而是让他独立工作，这显然更有利于他的独立性。但是当他停滞不前时，教师当然应该寻找某个合适的问题或建议来帮助他。因为那时产生了一种危险性，学生可能会对题目感到厌倦而把它扔在一边，或者丧失了兴趣并由于完全的漠不关心而犯下愚蠢的错误。

我们可以利用这张表来解答我们自己的题目。为了正确地使用它，我们遵照前面例子中的做法。当我们的进展令人满意，新的迹象自发出现时，用一些不相干的问题来妨碍自然的进展简直是愚蠢的做法。但是当我们停滞不前，当我们想不到什么主意时，我们就有对题目感到厌倦的危险。因而这就是我们该考虑一个可能有用的一般性的想法，考虑这张表中的某一个可能适用的问题或建议的时候了。我们欢迎每一个有可能显示出题目的一个新方面的问题，它可以重新引起我们的兴趣，使我们继续工作和思考。

未知量是什么?
(*What is the unknown?*)

要求的是什么?你想要什么?你应该去寻找什么?

已知数据是什么?已知的是什么?你有些什么?

条件是什么?未知量通过什么条件与已知数据相联系?

教师可以使用这些问题来检验学生对题目的理解程度,学生应该能够清楚地对它们做出回答。此外,它们将学生的注意力引向一道“求解题”的主要部分,即未知量、已知数据和条件。由于有必要对这些部分一遍又一遍地进行考虑,这些问题在解答过程的后面几个阶段中还会常常重复。(参见第一部分第8、10、18、20节;**建立方程**,3,4;**实际题目**,1;**谜语**及别的地方提到过的一些例子。)

这些问题对于解题者是极其重要的。他检查自己对题目的理解,他把注意力集中于题目的这个或那个主要部分。问题的解答本质上就是把未知量与已知数据联系起来。因此,解题者必须再三地把注意力集中在这些元素上,并自问:未知量是什么?已知数据是什么?

题目可能会有很多未知量,或者条件可能有几个需要分开考虑的不同部分,或者对某个数据可能最好是单独考虑。因此,我们可以使用问题的不同变化形式,如:未知量是哪些?第一个已知数据是什么?第二个已知数据是什么?条件的各个不同部分是什么?条件的第一个条款是什么?

一道“证明题”的主要部分是题设和结论,而相应的一些问题是:题设是什么?结论是什么?我们也许需要这些常常有用的问题在文字表达上的某种变化或变形,如:你假定的是什么?你的假定中的各个部分是什么?(见第一部分第19节中的例子。)

为什么证明?
(Why proof?)

关于牛顿,有一个传说的故事:在他还是个年轻学生的时候,像他那个时代通常所做的那样,他从阅读欧几里得的《几何原本》开始学习几何。他阅读这些定理,认为它们是正确的,并忽略了证明过程。他感到疑惑:为什么人们要煞费苦心地去证明那些很明显的东西呢?然而,许多年后,他改变了他的看法,并对欧几里得由衷地表示赞赏。

这个故事不知是否可靠,不过下面这个问题还是存在的:为什么我们应该学习或者讲授证明过程?什么更为可取:根本不去证明,或者每件事都证明,还是证明其中一些?而如果要证明其中一些的话,该证明哪一些?

1. 完全证明。对于某种类型的逻辑学家来说,只存在完全证明。要成为一个证明,必须没有缺口、没有漏洞、没有任何的不确定之处,否则它就不成其为证明。我们在日常生活中,或者在法律程序中,或者在自然科学中有没有可能找到根据如此高的标准作出的完全证明?几乎没有。因此很难理解,我们是怎么会获得如此严格的一个完全证明的概念的。

我们不妨稍带夸张地说,人类是从一个人和一本书那里得到这个概念的:欧几里得和他的《几何原本》。不管怎么说,学习平面几何的基本原理仍能提供获得严格证明这一概念的最好机会。

让我们以证明下面这条定理为例:任何三角形的三个内角之和等于两个直角。[11] 对我们中的大部分人来说,图23已经成为我们之中大多数人的知识财富中不可分割的一部分,因此几乎无需再对它作解释了。过顶点A有一直线和BC边平行,由于内错角普遍相等,三角形中B点和C点处的角与A点处相应的角相等,这在图中已强调指出。于是三角形的三内角就等于以A为公共顶点的三个角,而后面的这三个角构成了一个平角,或者说是两个直角,由此该定理就得证了。

如果一个学生完成他的数学课程,但是却没有真正理解如上面所述的这样的一些证明,他就有权向他的学校和教师提出尖锐的批评。事实

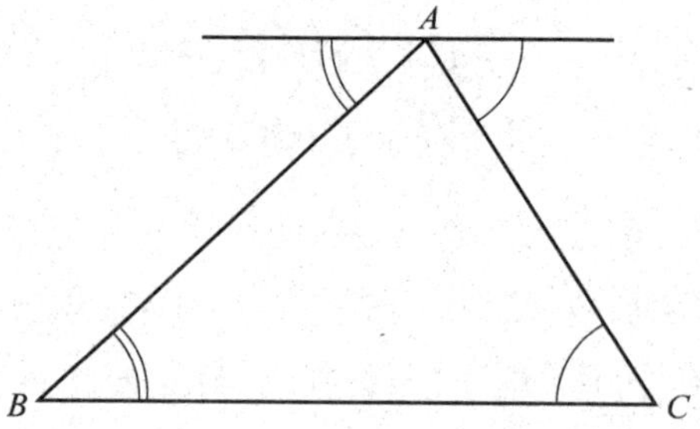

图23

上,我们应该把比较重要的东西和不太重要的东西区别开来。如果这个学生不熟悉某一个具体的几何事实,那么他的损失并不太大,在他今后的生活中,他可能几乎不会用到这些事实。但是如果这个学生不熟悉几何证明的话,那么他就损失了关于确实证据的一些最好、最简单的例子,也错过了获得严格论证这一概念的最好机会。没有这个概念,在现代生活中他就缺少一个真正的、用来对他的各种所谓证据作比较的标准。

简言之,如果普通教育打算给予学生直观证据和逻辑推理的概念,它就必须为几何证明留下一席之地。

2. *逻辑系统*。欧几里得的《几何原本》中所提出的几何并不是一些事实的简单堆砌,而是一个逻辑系统。公理、定义和命题不是按随机的顺序列出,而是以一个完善的顺序列出的。每一个命题都这样安排,使它能以前面的公理、定义和命题为基础。我们可以将这种命题的编排方式看作是欧几里得的主要成就,而它们的逻辑系统则是《几何原本》的主要价值所在。

欧几里得几何不仅是一个逻辑系统,而且是这类系统的第一个也是最了不起的一个例子,其他的科学领域已经而且至今仍在努力模仿。其他的科学领域——尤其是那些和几何关系甚小的,如心理学或法学——是否应该模仿欧几里得的严格逻辑?这是一个可以争辩的问题,但是如果谁不熟悉欧几里得的逻辑系统,他就没有能力参与这一辩论。

现在,几何体系是和证明胶合在一起的。每一个命题都通过证明和前面的公理、定义和命题相联系。不理解这样的证明,我们就无法理解这个系统的精髓。

简言之，如果普通教育打算给予学生逻辑系统的概念，它就必须为几何证明留下一席之地。

3. *助记系统*。作者认为直观证据、严格推理和逻辑系统的概念对每个人都不是多余的。然而，可能在有些情况下，由于没有时间或者别的原因，学习这些概念不是绝对必要的。但即使在这种情况下，我们仍希望能学习证明。

证明提供证据，在这样做的时候，它们共同组成了一个逻辑系统，而且它们帮助我们记起组合起来的各项内容。以上面讨论过的图23为例，这个图形清楚地说明了三角形三内角之和等于180°。该图形又将这个事实和内错角相等的另一个事实联系起来，而相互联系的事实要比孤立的事实有趣得多，也更容易记忆。因此，这张图使我们将两个相互联系的几何命题牢记在心，最后这张图和这些命题就会成为我们不可分割的知识财富。

在下面我们要讨论的情况中，我们认为获得一般性的概念不是必要的，而只是希望得到某些事实的要领。即使是在这样的情况下，这些事实也必须在某种联系、某种系统中呈现出来，这是因为孤立的内容学起来费力而且容易被遗忘。这里任何能把这些事实简单、自然、牢固地结合在一起的联系都是受欢迎的。这个系统不需要建立在逻辑基础上，只需设计成有助于有效地记忆，它必须是一个所谓的*助记系统*。然而，即使是从一个纯助记系统的观点来看，证明也是有用的，尤其是简单的证明。例如，学生必须学习关于三角形内角和的内容和另一个关于内错角的内容。难道还有什么办法能比图23更简单、更自然或更有效地去记住这些内容吗?

简言之，即便是一般的逻辑概念不具有什么特别的重要性时，证明作为一种助记方法也可能会有用。

4. *食谱系统*。我们已经讨论了证明的优点，但无疑并没有去提倡所有证明都应该"详细"给出。相反地，有些情况下几乎不可能这么做，其中一个重要的例子就是给学工程的学生教授微积分。

如果要用现代的严格标准来讲解微积分，这就要求有一定难度和精细程度的证明（“ε-证明”）。但是工程师们是为了应用而学习微积分的，而且他们既没有足够的时间，也没有足够的训练或兴趣去奋战冗长的证明或者欣赏它们的精妙。由此，我们就很强烈地想把这些证明都删掉。然而这样做，我们就把微积分降到了食谱的水平。

食谱对所有的原料和过程作了详细的描述，但是既没有这种配方的证明，也没有这种调制方法的理由。要证明布丁的好坏，一尝便知。食谱可以极好地为它的目的服务。事实上，它不需要有任何一类的逻辑或助记系统，因为食谱是手写的或印刷的，并非保留在记忆之中。

但是如果一位微积分教科书的作者或者一位大学教师过于遵循这种食谱系统，他就很难达到他的目的。如果他只教授程序而不教授证明，这种动机不明的程序就不能被理解。如果他只讲规则而不讲理由，这种相互不联系的规则就会很快被遗忘。数学不能完全以品尝布丁的方法来进行测试，如果把所有类型的推理都排除在外，一门微积分课程就很容易会变成一锅由难以消化的信息构成的毫无条理的杂烩。

5. 不完全证明。处理过分证明和食谱水平之间的两难问题的最好方法也许是合理使用不完全证明。

对于一个严格的逻辑学家来说，一个不完全证明根本不能算是证明。而且我们无疑应该小心地区分不完全证明和完全证明，将两者混为一谈很不好，为了一个而牺牲另一个就更糟了。如果一本教科书的作者含含糊糊地提出一个不完全证明，其中可以明显看出他对于证明的完全性是该羞愧还是该自负犹疑不定，那将是很痛苦的。但是当不完全证明在适当的地方得体地提出时，它也会有用。它们的目的不是要去代替完全证明（这是它们绝对不可能办到的），而是要使问题的陈述有趣味性和连贯性。

例 1. 一个 n 次代数方程恰好具有 n 个根。这个被高斯（Gauss）称为“代数基本定理”的命题必须经常向那些还不足以理解其证明的学生提出。但是他们知道一次方程有一个根，也知道某一个二次方程有两个根。此外，这个困难的命题还有一个很容易证明的部分：任何 n 次方程都不可能具有多于 n 个相异的根。上面所述的事实是否足以构成对这条

"基本定理"的完全证明？绝对不够。但是它们已足以使这个基本定理有趣并看似正确——并使学生们将这条定理牢记在心，而这是主要的。

例2. 一个三面角的三条边所构成的三个平面角中，任意两个平面角的和大于第三个。很明显，这条定理就等于肯定在一个球面三角形中任意两边之和大于第三边，注意到这一点以后，我们自然就会想到球面三角形和直线三角形之间的类比。上面这些说明是否构成了一个证明呢？绝对没有。但它们能帮助我们理解并记住所提出的这条定理。

我们的第一个例子具有历史上的重要性。在一段约250年的时间里，数学家们相信这个"基本定理"，却没有完全证明——事实上，当时所知道的也就是上面所提到的那些。我们的第二个例子指出**类比**是推测的一种重要源泉。在数学中，与在自然科学和物理科学中一样，发现常常始于观察、类比和归纳。在构成一个看似正确的探索式论证时，只要得体地使用这三种方法，那么它们会特别投物理学家和工程师所好。(亦见**归纳与数学归纳**，1，2，3。)

不完全证明的作用和价值已经由我们对解题过程的研究得到了一定程度的解释。某些解题的经验说明，证明中的第一个念头通常都是不完全的。其中可能已经有了最基本的说明、主要的联系、证明的萌芽，但是细节还需以后再给出，而且常常是很麻烦的。有些(但不是很多)有天赋的作者，他们恰恰能够提出证明的萌芽、最简单形式的主要念头，并指出余下那些细节的性质。这样的一个证明虽然不完整，却可能远比一个提出完整的细节的证明更具有启发性。

简言之，当我们要求在叙述上还算连贯，而不是在逻辑上严格一致时，不完全证明可以用作一种助记手段(但是它当然不能代替完全证明)。

提倡不完全证明是很危险的。但是，我们可以利用几条规则将可能的误用限制在一定的范围之内。首先，如果一个证明是不完全的，那就必须在某处并且以某种方式名副其实地加以指出；其次，一位作者或教师没有权力对一条定理提出一个不完全证明，除非他们本人对它的完全证明知道得非常清楚。

而且应该承认，要得体地提出一个不完全证明绝非易事。

谚语的智慧

（*Wisdom of proverbs*）

解题是人类的一项基本活动。事实上，人类有意识的思维中大部分都与题目有关。如果不是仅仅耽溺于冥思苦想或者白日梦，我们的想法总是指向某个目标的；我们寻求方法，我们尝试解题。

有些人在达到目标和解答题目方面比较成功，另一些则没有那么成功。这些差异被注意到了，并进行了探讨和评论，某些谚语看来保留了这种评论的精华。不管怎么说，有相当多的谚语突出地描写了在解题中应遵循的典型程序，包括有关的常识、常用的技巧和常见的错误。在谚语中有许多敏锐的和一些精微的说明，但是明显地，其中并没有一个极为协调、毫无含糊之处的科学体系。恰恰相反，许多谚语可以和另一个给出完全相反的建议的谚语配起来；而且存在着很大程度的不同解释。把谚语看作是普遍适用的智慧的一个可靠来源是愚蠢的，但是无视谚语提供的关于探索性程序的生动描述，也将会是一件憾事。

将关于制定计划、寻找方法和选择行动路线的谚语（简单来说，就是关于解题的谚语）进行收集和归类会是一项有意思的任务。这里只能提供进行这样一次任务所需要的部分篇幅，我们所能做的最好的事情就是引述一些能说明我们表中所强调指出的，以及在第一部分第6到第14节和其他一些地方讨论过的那些解答过程的主要阶段的谚语。下面我们对所引述的谚语都用斜体字标出*。

1. 我们解题时必须做的第一件事是理解题目：*知敌方能应敌*。我们必须清楚地看到我们所要达到的目的：*想清目标再动手*。这是老生常谈了，用拉丁语来说就是“respice finem”。不幸的是，并非每个人都听从这样一条好的建议，人们常常在还没有真正理解他们所应该努力的目标以前，就开始推测、谈论，甚至鲁莽行事。*愚者只看脚下，智者紧盯目标*。如果我们心中对目标不明确，就很容易会偏离了题目以致半途而废。*智者从目标着手，愚者在起点止步*。

* 中译本里用楷体字标明。——译者

然而光理解题目是不够的,我们还必须渴望求出它的解答。如果没有强烈的解题愿望,我们就不可能解出一道难题,只有具备这样的愿望,才有可能解出它。有志者事竟成。

2. 设计一个方案,构思一条适当行动的思路,是解题中的主要成就。

一个好的思路是一个好运、一个灵感、一份神赐的礼物,我们必须受之无愧:勤勉是幸运之母。坚持就是胜利。一口吃不成胖子。出师不利,再三尝试。然而反复尝试是不够的,我们必须试着用不同的方法,变化我们的尝试。千方百计。条条道路通罗马。我们必须使我们的尝试与环境相适应。趁着风儿起,扬帆就起航。量布裁衣。力所能及,不可强求。如果我们失败了,就必须再去尝试点别的方法。智者通权达变,愚者墨守成规。我们甚至应该从一开始就预计到计划可能会遭受的失败,并准备好另一个方案以备用。一弓须有二弦。当然,我们可能会因为有过多的从一个计划到另一个计划的这种变化而损失了时间。那时,我们就会听到冷嘲热讽:做了又作废,反正时间够你费。如果我们不忘我们的目标,就可能少犯错误。钓鱼不在于钓而在于鱼。

我们努力从记忆中汲取有用的东西,然而当一个可能有用的思路出现时,我们却常常由于它的不显眼而不重视它。专家也许并不比没有经验的人有更多的思路,但他们更重视他们已有的思路,并且对它们运用得更好。智者创造机会多于发现机会。智者会利用到手的一切。智者变机会为财富。专家的优势也可能就在于他不断注意着机会:莫失良机。

3. 我们应该在适当的时候,即在我们的方案成熟的时候,才开始执行它,而不要提前。我们不能轻率行事。三思而后行。试验在先,相信在后。巧施缓手,确保安全。另一方面,我们也不应犹豫太久。不入虎穴,焉得虎子。做最可能的事,抱最大的希望。全力以赴,天助人愿。

我们必须运用我们的判断力来决定适当的时候。下面这个适时的警告指出最常见的谬误、最常见的判断错误:心之所愿,盲目信之。

我们的方案通常只给出一个一般性的梗概。我们必须使自己确信细节符合该梗概,因此,我们必须仔细地逐个检查每一个细节。梯子要一步一步爬,饭要一口一口吃。蚂蚁啃骨头。一步一个脚印地前进。

在实施方案的时候，我们必须仔细地按照适当的顺序来安排它的各个步骤，这个顺序常常就是把发现的顺序倒过来。蠢人最后做的事，智者放在最先。

4. 回顾已经完成的解答是工作中的一个重要且有启发性的阶段。不爱再思索的人，必定不善思索。多思出上策。

重新检验解答后，我们可能会对结果更加坚信。但必须向初学者指出，这种额外的验证是有价值的，两个证明要比一个好。抛两个锚停泊更安全。

5. 我们并没有对所有关于解题方面的谚语作出详尽的说明。但是几乎已经不可能引述任何谚语以形成新的主题了，只能对已经提出的这些主题作些变动。解题过程中某些更加系统化和更加复杂的方面则很难包括在“谚语的智慧”之中。

在描述解答中更为系统的那些方面时，我时常尝试模仿谚语的特殊表达方式，而这并不容易。下面几条“人造的”谚语描述了稍微复杂一些的情况。

目标决定手段。

你最好的五个朋友是“什么”(What)、“为什么”(Why)、“哪里”(Where)、“何时”(When)与“怎样”(How)。当你需要建议时，你只要询问“什么”、“为什么”、“哪里”、“何时”与“怎样”——而不要再去询问别人了。

不要相信一切，只怀疑值得怀疑的。

当你找到第一个蘑菇或作出第一个发现后，再四处看看；它们总是成群生长。

倒 着 干
(*Working backwards*)

如果我们希望理解人类的行为，那么我们就应该把人类的行为与动物的行为作比较。动物们也"有题目"，也"解题目"。过去10年中，实验心理学在探究各种动物的"解题"活动方面取得了长足的进展。我们在这里不可能讨论这些研究过程，但是我们会粗略地只讲述一个简单而有启发性的实验，我们的叙述也将作为对于分析方法或者说"倒着干"的方法的一种说明。顺便说一下，这种方法在本书的其他地方(**帕普斯**)也讨论到了，该方法的一个重要描述应归功于帕普斯。

1. 让我们尝试去找出下面这个巧妙的题目的答案：如果你只有两个容积分别是4升和9升的容器，怎样从一条河中恰好取出6升水？

让我们清楚地想象一下给定的工具，我们必须使用两个容器(给定的是什么？)我们想象有两个圆柱形容器具有相同的底面，它们的高为9比4，见图24。如果在每个容器的侧面上都有等间隔的水平横线，从这些刻度我们就可以读出水位的高度，我们的题目就很容易了。但是现在没有这样的刻度，因此我们离解答还很远。

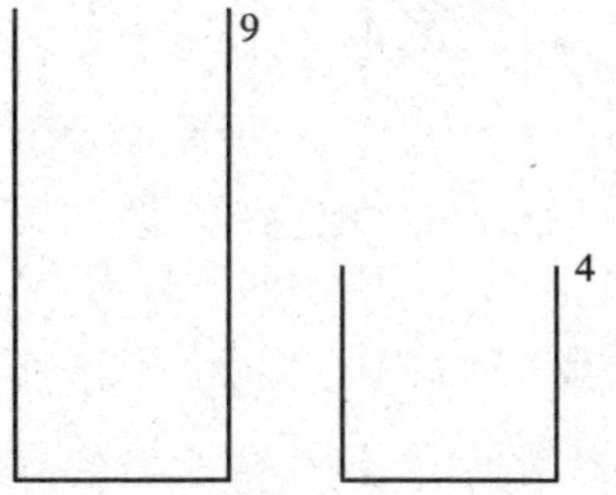

图24

我们还不知道怎样量出恰好6升水，但是我们能测量出别的东西吗？(如果你不能解所提的题目，先尝试去解某道有关的题目。你能从已知数据中得出一些有用的东西吗？)让我们干点什么，让我们反复推敲一下。我们可以将大桶装满，再将大桶中的水尽可能多地倒入小桶中，这样我们就能得到5升水。我们能不能得到6升水呢？这里又是两个空桶，我们还可以……

我们现在正在做的正如大多数人面对这道难题时所做的一样。我们开始时有两个空桶,我们试试这个再试试那个,倒空又装满,如果没有成功,我们又重新开始,尝试别的方法。我们在向前干,即从给定的初始条件到要求的最终情况,从已知数据到未知量。在经过许多次尝试以后,我们可能会碰巧成功。

2. 但是那些特别有才能的人或者那些曾经有机会在数学课中学到过要比仅仅常规运算更多的内容的人,不会在这样的试验中花费太多的时间,而是回过头去开始倒着干。

要求我们做的是什么?(未知量是什么?)让我们尽可能清楚地想象我们最终要达到的情况是怎样的。我们设想现在在我们面前的大桶里恰好装有6升水,而小桶是空的,如图25所示。(帕普斯说,让我们从要求的东西开始,并且假设要寻找的已经找到了。)

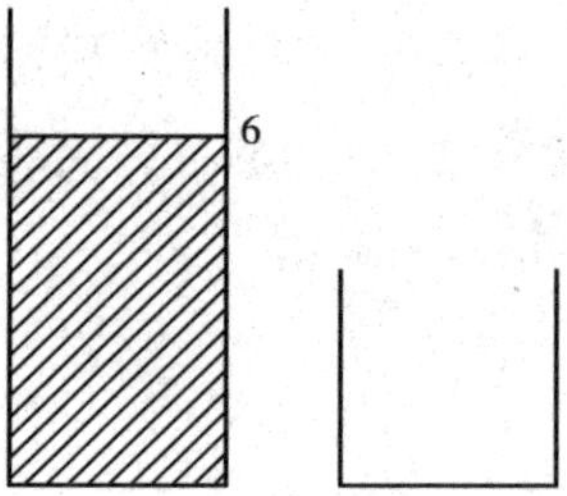

图25

从前面的什么情况我们可以得出如图25所示的要求的最终情况?(帕普斯说,让我们研究要求的结论可以根据什么前提得出。)我们当然可以将大桶装满9升水,但是然后我们还必须倒出恰好3升水。为了做到这点……我们的小桶中必须正好有1升水! 这就是思路。见图26。

(我们刚才完成的这一步绝非易事。很少有人能不经过前面的一系列犹疑就想到这一点。事实上,认识到了这一步的重要性以后,我们就能预见到接下去的解答的一个梗概了。)

但是我们怎样才能得到我们刚才想到的,即图26中所示的情况呢?

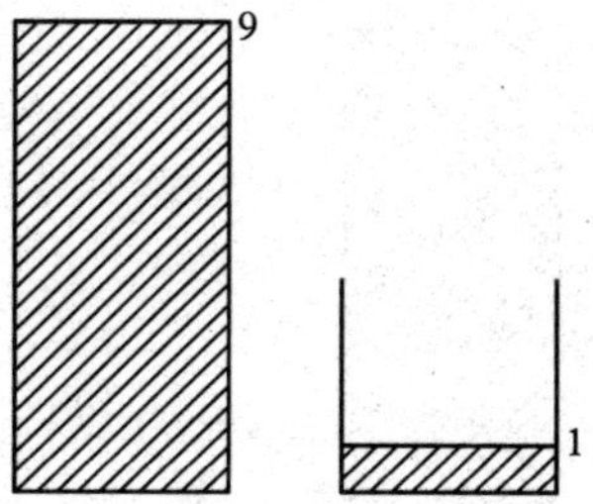

图26

(让我们再研究那个前提又是根据什么前提得出的。)就我们的目的而言，河水的量是无限的。因此图26中的情况和下面的图27或图28中的情况是一样的。

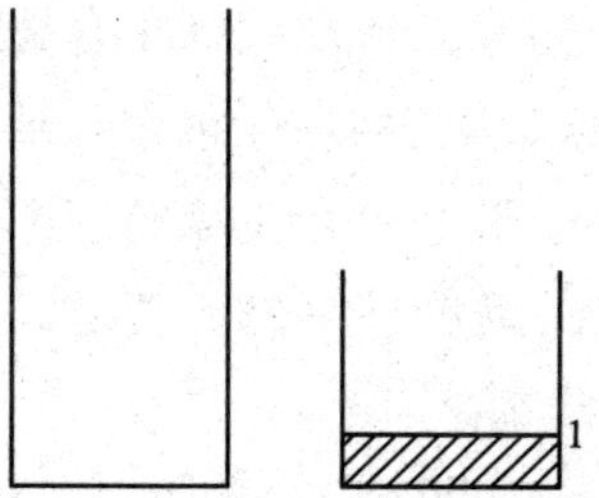

图27

容易看出，如果能得到图26、图27或图28中的任何一种情况，其他的那些情况也就同样可以得到了，但是图28不太容易想到，除非我们以前曾经看到过，即在最初的某一次试验中偶然遇到过。将水在两个桶之间倒来倒去时，我们也许已经做了类似的事情，而正是在现在这一时刻，我们想起图28的这种情况可由图29中所示的方法产生：将大桶装满，然

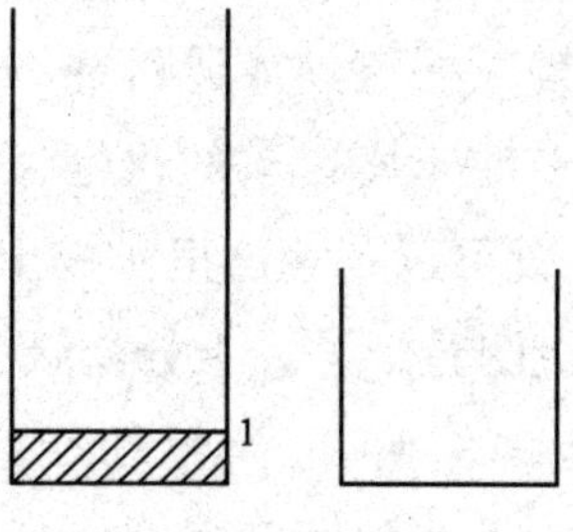

图28

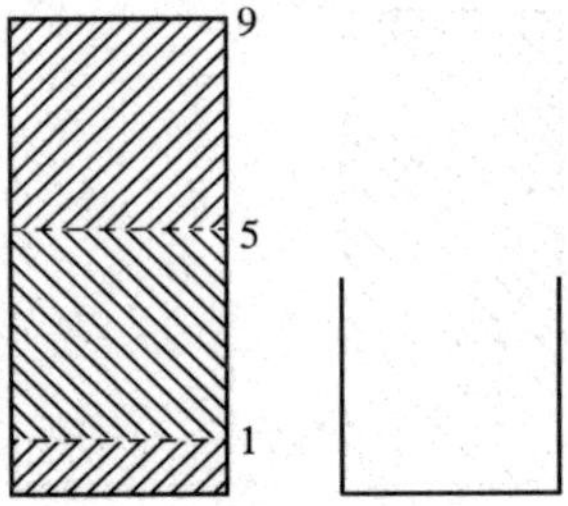

图29

后倒出4升到小桶中，再将小桶中的水倒入河中，这样连续两次。我们最终遇到了某些已知的东西（这是帕普斯的话），并且遵循倒着干的分析方法，找到了适当的操作顺序。

确实，我们已经以倒过来的次序找到了合适的顺序，但剩下来要做的是只要把这一过程反过来，从我们在分析中最后到达的点开始（正如帕普斯所说）。首先，我们施行图29所示的操作，就得到了图28，然后我们过渡到图27，再过渡到图26，最后是图25。沿着我们的步骤回溯上去，我们最终成功地得到了要求的东西。

3. 希腊传说认为是柏拉图（Plato）发明了分析的方法。该传说也许并不很可靠，但不管怎么说，如果这种方法不是柏拉图发明的，某位希腊学者也会认为有必要把这一发明归功于一位哲学天才。

在这种方法中无疑有些值得深思的地方。迂回前进、脱离目标、倒着干、不遵循通往要求的目标的直接道路走，会造成某种心理上的障碍。在我们发现了适当的操作顺序后，思维必须遵循与实际操作恰好相反的次序进行。由于对这种逆向的顺序有一种心理上的反感，所以如果不小心地提出的话，可能会使得一个相当能干的学生都难以理解这个方法。

然而通过倒着干来解决一道具体题目并不需要天才，任何有一点常识的人都能做到。我们专注于所要求的目标，我们想象我们想要的最后位置，我们从前面哪个位置可以到达这里？提出这个问题是很自然的，而提出这个问题时我们就在倒着干了。十分初级的题目可以很自然地引导我们倒着干，见**帕普斯**，4。

倒着干是一种在每个人能力所及限度内的常识性程序，我们几乎不会怀疑，在柏拉图以前的数学家和非数学家已经应用过它了。可能曾被某个希腊学者看作能与柏拉图的天才相媲美的成就，指的是用通用的术语来叙述这种程序，并且表明它是一种对于解答数学题和非数学题典型有用的操作。

4. 现在我们转而讨论下列心理学实验——如果把话题从柏拉图转移到狗、鸡和黑猩猩身上不是太突然的话。一道篱笆围成了一个矩形的三边，而第四边是敞开的，如图30所示。我们将一只狗放在篱笆一边的D点上，把一些食物放在另一边的F点上。对于狗来说，这道题目是相当容易的。它可能会先摆出一个姿势，好像要直接扑到食物上去，但是它很快就转过身来，匆匆绕过篱笆的一端，毫不犹豫地沿着一条光滑的曲线跑到食物那儿。但是有的时候，尤其是当D点和F点彼此很接近时，要解决这个问题就没有这么顺利。这只狗会浪费一点时间又叫又抓，或者去撞篱笆，然后才会“想到好主意”（我们姑且这么说吧），即绕过去。

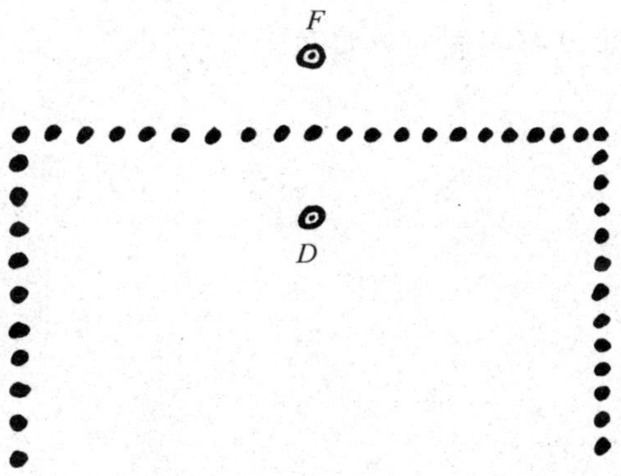

图30

将各种动物放到这只狗的位置上，然后比较它们的行为，是一件很有意思的事情。这个题目对于一只黑猩猩或者一个四岁大的小孩都是很简单的（对于小孩，也许放一件玩具要比放食物更具有诱惑力）。然而这道题目对于一只母鸡来说，却是惊人的困难，它会在篱笆的这一侧激动地奔来奔去，即使它终究能到食物那边，在这方面也要花费相当多的时间；但是在奔跑了很长时间以后，它还是有可能偶然取得成功的。

5. 我们不能只根据一个仅仅简略地转述了一下的简单实验就构造出一大套理论来。但是如果我们准备重新检验和重新评价这里出现的明显类比,那么注意到它们还是没有什么害处的。

绕过障碍是我们在解答任何类型的题目时都会做的,这个实验具有某种象征性的价值。母鸡的行为就像那些做题时浑浑噩噩的人,试了一次又一次,最后靠一些运气碰巧成功,而不去深究其成功的原因。那只狗在转身之前又抓又跳又叫,就像前面我们摆弄那两只桶一样。我们先前想象桶上有刻度能显示水位,它只是一种几乎毫无用处的"抓",它只能说明我们要寻找的东西更深地隐藏在表面之下。我们起先也是试图顺着干,然后才产生了把顺序倒过来的想法。那只狗在简略地察看了一会儿形势后,转身匆匆离去,这给人的印象是(无论其正确与否),它具有出色的洞察力。

但我们甚至也不应责怪母鸡的笨拙。要转过身从目标跑开,不一直盯着目标前进,不沿直接的道路到达目标,确实是有一定的困难。母鸡的困难和我们的困难具有明显的类似性。

第四部分　题目、提示、解答

这最后一部分向读者提供一些另外的练习机会。

解答这些题目只需要读者具有一所好的中学所能提供的课程以内的预备知识。但是这些题目并不容易，也不仅仅是常规题目，其中有些需要独创性的聪明才智。[12]

提示提供了引导出解答的一些说明，其中大多数是通过从表中引用一个合适的句子。对于一位非常用心的、准备采纳建议的读者，它们也许能揭示出解答的关键思路。

解答提供的不仅是答案，还包括导出答案的整个过程，虽然读者无疑还需要充实某些细节。有些解答的后面加了几句话，旨在开拓一下眼界。

热切地想解题的读者最有机会从这些提示和解答中得益。如果他是通过自己的方法来得到答案的，他可以将自己的方法和书中的方法作比较，从而学到一点东西。如果经过认真的努力以后，他倾向于要放弃，这时提示可以给他提供没想到的新思路。如果连提示也帮不了忙，他就可以看着解答，尝试将关键的想法分离出来，把书放在一边，然后再尝试自己去得出解答。

题　目

1. 一只熊从P点出发，向正南走一英里*，然后改变方向向正东走一英里，然后再向左转，往正北走一英里，此时它正好到达它出发的P点。这只熊是什么颜色的?

2. 鲍勃(Bob)想要一块完全平坦的土地，它有四条边界线，其中两条为正南北走向，另两条为正东西走向，而其中每一条边界线的长度恰好为100英尺。鲍勃能在美国买到这样的一块土地吗?

3. 鲍勃有10个口袋和44枚银币。他想把这些银币分配到这些口袋中去，使每个口袋中的银币数都不相同。他能做到吗?

4. 为了给一本厚书标上页码，印刷工人用了2989个数字。这本书总共有多少页?

5. 在祖父的文件中发现了一张账单：

72只火鸡　$_67.9_

那个显然表示这些家禽总价的数的第一位和最后一位数码已经褪色了，难以辨认，因此这里用下划线代替。

这两个褪色的数码是什么? 每只火鸡的价格是多少?

6. 已知一个正六边形和它所在平面上的一点，试过此点作一直线将这个六边形分成面积相等的两部分。

7. 已知一个正方形，从某一点观察此正方形时，张角为(a) 90°，(b) 45°，求这些点的轨迹。(令P点为正方形外但在同一平面上的点，以P为顶点，包含此正方形的最小角称为从P点“观察此正方形的张角”。)清楚

* 1英里=1.609千米。——译者

地画出这两条轨迹，并给出完整的叙述。

8. 联结某个立体表面上两点的一条直线，如果这个立体绕这条直线转过一个大于0°而小于360°的角后能和自身重合，这条直线就称为该立体的一根“轴”。

求一个立方体的各根轴，清楚地描述每根轴的位置，并求出与之相应的转动角。假定这个立方体的边长为单位长度，计算这些轴的长度的算术平均值。

9. 一个四面体（不一定是正四面体）的两条对边长度都为a，且互相垂直。此外，它们都垂直于联结它们中点的长度为b的线段。用a和b来表示这个四面体的体积，并证明你的答案。

10. 棱锥中相对于底面的那个点称为顶点(apex)。

(a) 如果一个棱锥的顶点到底面各角顶点(vertices)的距离相等，就称这个棱锥是“等腰的”。利用这一概念证明此时等腰棱锥的底面内接于一个圆，而这个圆的圆心即此棱锥的高的垂足。

(b) 如果一个棱锥的顶点到底面各边的（垂直）距离都相等，我们就称它为“等腰的”，采用这一概念（与前一概念不同）证明此时等腰棱锥的底面外切于一个圆，这个圆的圆心即此棱锥的高的垂足。

11. 求满足下列由四个方程组成的方程组的x、y、u和v的值：

$$x+7y+3v+5u=16,$$
$$8x+4y+6v+2u=-16,$$
$$2x+6y+4v+8u=16,$$
$$5x+3y+7v+u=-16。$$

（这看起来又长又繁：试着找一条捷径。）

12. 鲍勃、彼得和保罗一起去旅行。彼得和保罗是徒步旅行的好手；

他们每小时都可以走p英里，鲍勃的脚力不行，他驾驶一辆小汽车，可以坐两个人，但坐不下三个，这辆车每小时跑c英里。这三个朋友采取下面这个方案：他们一起出发，保罗乘鲍勃开的车，彼得走路。过一会儿鲍勃丢下保罗让他继续走路，鲍勃回去接彼得，然后他们俩驾车直至追上保罗。此时，他们进行了轮换，即保罗换上去坐车，彼得又步行，这就回到了开始时的情形。这样整个过程不断重复直至必要的次数。

(a) 他们每小时前进多远（多少英里）？

(b) 旅行中有几分之几的时间汽车上只有一个人？

(c) 检验$p=0$和$p=c$的极端情况。

13. 有三个数成等差数列，另有三个数成等比数列，将这两组数列的对应项相加，我们分别得到85，76和84。将此等差数列的三项相加，得126。求这两组数列的各项。

14. 已知关于x的方程$x^4-(3m+2)x^2+m^2=0$中的四个实根成等差数列，求数m的值。

15. 一个直角三角形的周长为60英寸，斜边上的高的长度为12英寸，求此直角三角形的各边长。

16. 从山峰上可以看到平原上的两点A和B。指向这两点的视线的夹角为γ，第一条视线相对于水平面的倾角为α，第二条相对于水平面的倾角为β。已知A点和B点在同一水平面上，它们的间距为c。

用角α、β、γ和距离c来表示山峰离A点和B点所在水平面的高度。

17. 注意到下式

$$\frac{1}{2!}+\frac{2}{3!}+\frac{3}{4!}+\cdots+\frac{n}{(n+1)!}$$

在$n=1,2,3$时的值分别为$\frac{1}{2}$，$\frac{5}{6}$，$\frac{23}{24}$，推测其值的一般规律（如果需要

的话可以再观察更多的值)，并证明你的推测。

18. 考虑下表

$$
\begin{aligned}
1 &= 1\\
3+5 &= 8\\
7+9+11 &= 27\\
13+15+17+19 &= 64\\
21+23+25+27+29 &= 125
\end{aligned}
$$

推测这些例子所提示的一般规律，用适当的数学符号来表述并加以证明。

19. 一个正六边形的边长为n(n是整数)。用平行于其各边的等距平行线将这个六边形分成T个边长为1的等边三角形。用V表示出现在此划分中的顶点数，L表示长度为1的边界线条数。(一条边界线属于一到两个三角形，一个顶点属于两个或更多个三角形。)在$n=1$这一最简单的情况中，$T=6$，$V=7$，$L=12$。考虑一般的情况，并用n来表示T、V和L。(能推测出结果就不错，能证明更好。)

20. 你能用几种方式来把一美元兑换成硬币?(硬币的种类有:一分币、五分币、一角币、二角五分币、五角币。兑换的“兑换方式”由所用各类硬币的数目表示。)

提　示

1. 未知量是什么？一只熊的颜色——但是我们怎么能从数学数据中得出一只熊的颜色呢？已知的是什么？几何学上的一种状况——但这似乎是自相矛盾的：这只熊在按照描述的方式走了三英里路以后，怎么可能回到它的出发点呢？

2. 你知道一道与它有关的题目吗？

3. 如果鲍勃有许多银币，他在每个口袋里都装入不同数目的银币当然不成问题。你能重新叙述这道题目吗？能装入10个口袋并使每个口袋中的数目都不同的最小银币数目是多少？

4. 这里有一道题目和你的题目有关：如果这本书恰有9页被标上页码，那么，印刷工人用到多少数字？（当然是9个。）这里还有另外一道题目和你的题目有关：如果这本书恰有99页被标上了页码，那么印刷工人用到多少数字？

5. 你能重新叙述这道题目吗？如果整个价格以美分来表示，可以被72整除，那么这两个褪色的数字会是什么呢？

6. 你能否想到一道更容易着手的相关题目？一道更为普遍化的题目？一道类似的题目？（见**普遍化**，2。）

7. 你知道一道与它有关的题目吗？以一个已知的张角观察一段已知直线的点的轨迹构成两段圆弧，它们的端点在这条线段的两端，并关于这条线段彼此对称。

8. 假定读者熟悉该立方体的形状，并且仅仅通过观察找到了它的几条轴——但它们是全部的轴吗？你能证明你所列出的穷尽了所有可能的轴吗？你列出的表是不是根据一个清晰的分类原则？

9. 观察未知量！未知量是一个四面体的体积——是的，我知道只要一个棱锥的底面和高已知，这个棱锥的体积就可以计算出来（将两者相乘，再除以3），但在本例中既不知道它的底，也不知道它的高。你能否想到一道更容易着手的相关题目？（你没有看到一个更好着手的四面体吗？它是已知四面体的一个等分部分。）

10. 你知道一条与它有关的定理吗？你知道一条更相关的……比较简单的……类似的定理吗？是的，在一个等腰三角形中，高的垂足即底边的中点。这里有一条定理和你的定理有关而且以前证明过，你能利用……它的方法吗？这条关于等腰三角形的定理是通过两个直角三角形的全等来证明的，它的高即这两个直角三角形的公共边。

11. 假定读者对于线性方程组有一定的熟悉。要解答这样一个方程组，我们必须通过某种方法将这些方程组合起来——仔细寻找这些方程之间的联系，这种联系可能会指出一种特别有利的组合方式。

12. 将条件的不同部分分开。你能把它们写出来吗？在这三位朋友的出发点和他们再次相遇的地点之间有三个不同的阶段：

(1) 鲍勃和保罗乘车；

(2) 鲍勃独自乘车；

(3) 鲍勃和彼得乘车。

将这三个阶段所用的时间分别称为t_1、t_2和t_3。你如何能把条件分成几个适当的部分？

13. 将条件的不同部分分开。你能把它们写出来吗？令

$$a-d, \qquad a, \qquad a+d$$

为等差数列的各项，而

$$bg^{-1},\qquad b,\qquad bg$$

为等比数列的各项。

14. 条件是什么？这四个根必须构成一个等差数列。但这个方程还有另一个特点：它只包含未知量x的偶次幂。因此，如果a是方程的一个根，则$-a$也必是一个根。

15. 将条件的不同部分分开。你能把它们写出来吗？我们可以把条件按

(1) 周长；

(2) 直角三角形；

(3) 斜边上的高

分为三个部分。

16. 将条件的不同部分分开，你能把它们写出来吗？令a和b分别表示(未知的)视线的长度，α和β分别表示它们相对于水平面的倾角。我们可以把条件按

(1) a的倾角；

(2) b的倾角；

(3) 以a、b和c为三边的三角形

分为三个部分。

17. 你有没有注意到2、6、24这些分母？你知道一道与它有关的题目吗？一道类似的题目？(见**归纳与数学归纳**)。

18. 靠归纳来发现规律需要通过观察。观察这些式子的右边、左边的开始几项和最后几项。此时普遍的规律是什么？

19. 画一张图。观察图形可以帮助你以归纳的方式发现规律,或者可以引导你找到T、V、L和n之间的关系。

20. 未知量是什么？我们要寻找的是什么？甚至是这道题目的目标也需要作一定澄清。你能否想到一道更容易着手的相关题目？一道更为普遍化的题目？一道类似的题目？这里有一道十分简单的类似题目:你能用几种方式来支付一分钱?(只有一种方式。)这里有一道更为普遍化的题目:使用一分币、五分币、一角币、二角五分币和五角币这五种硬币,你能用几种方式来支付n分钱？我们特别关心的是n=100的这一特例。

在n比较小的最简单的特例中,我们用不着什么高深的方法,而只要通过尝试和观察就能得出答案。这里有一张简表(读者可以对它进行检验)。

n	4	5	9	10	14	15	19	20	24	25
E_n	1	2	2	4	4	6	6	9	9	13

第一行列出了要支付的钱数,通称为n。第二行列出了相应的“支付方式”的种数,通称为E_n。(为什么选择这个符号是我的一个小秘密,在现阶段我还不愿意透露。)

我们特别关心的是E_{100},但是如果没有一种明确的方法,我们就不大可能计算出E_{100}。事实上,本题对读者的要求比前面一题要高一点,他应当能创造一点理论。

我们的问题是一般的(对一般的n计算相应的E_n值),但也是“孤立的”。你能否想到一道更容易着手的相关题目？一道类似的题目？这里有一道十分简单的类似题目:求只用一分币来支付n分钱的方式的数目A_n。(A_n=1。)

解　答

1. 你认为这只熊是白的而P点是在北极？你能否证明它是正确的？过去这个问题多少有点不言而喻，所以我们现在来对它作理想化的解释。我们将地球看成完全是一个球体，把这只熊看成是一个移动的质点。这个点向正南或正北移动时，走过的是经线的一段弧，而它向正东移动时，走的是纬线（平行于赤道）的一段弧。在此我们必须区分这两种情况。

（1）如果这只熊回到P点所走的那条经线不同于它离开P点时所走的经线，那么P点必定就是北极点。事实上，在地球上另外只有在南极点处才会有两条经线相交的情况，但是熊此时只能向北走，才能离开南极。

（2）如果这只熊向东走一英里，只有沿一个纬度圈走n次（n可以是1，2，3…），它才有可能沿着它离开P点时所走的那根经线再回到P点。在这种情况下，P点不是北极点。而是一个非常靠近南极的纬度圈上的一点，这个纬度圈的周长以英里来表示时，稍小于$\frac{2\pi+1}{n}$。

2. 我们把地球表示成如题1解答中那样的一个球。鲍勃想要的土地由两条经线和两条纬线围成。想象有两条固定的经线和一条向远离赤道的方向运动的纬线：这条移动的纬线被这两条固定的经线截得的弧逐渐缩短。鲍勃想要的土地的中心应该在赤道上。他在美国找不到这样的一块土地。

3. 一个口袋中可能装的最小银币数目显然是0，次大的至少是1，再其次则至少是2……最后的（第10个）口袋中的银币数目至少是9。因此，所需的银币数至少为

$$0+1+2+3+\cdots+9=45。$$

鲍勃做不到这一点：他只有44枚银币。

4. 一本有999页的书需要

$$9+2\times90+3\times900=2889$$

个数字。如果问题中那本厚书有x页,则

$$2889+4(x-999)=2989,$$

$$x=1024。$$

这道题目可以教育我们,对未知量作一个初步的估计也许是有用的(如本例中甚至是必要的)。

5. 如果 _679_可以被72整除,那么它也必定可以被8和9整除。如果它可以被8整除,那么79_必定可以被8整除(因为1000是可以被8整除的),因此这个数79_就必定是792:最后一个褪了色的数字就是2。如果_6792能被9整除,那么它的各位数字之和必定能被9整除("舍九法"的规则),因此第一个褪了色的数字必定是3。一只火鸡的价格(在祖父的那个时代)是\$367.92÷72=\$5.11。

6. "在平面中给出一个点和一个具有对称中心的图形,求一条通过已知的点并平分这个图形面积的直线"。要求的直线当然得通过这个对称中心。见**创造者悖论**。

7. 在任何位置,角的两边都必须通过该正方形的两个顶点。只要它们通过同一对顶点,则该角的顶点必在同一个圆弧上移动(根据作为提示基础的那个定理)。因此,所求的两条轨迹都由几段圆弧所组成,在情形(a)中是4个半圆,在情形(b)中是8个四分之一圆。见图31。

8. 轴在某点穿过这个立方体的表面,这个点要么是该立方体的一个顶点,要么在一条棱上,要么在一个面上。如果这根轴通过一条棱上的一个点(但不通过它的端点),这个点一定是它的中点;否则这条棱在转动后就不可能和自己重合。同理,一条穿过一个面内部的轴必定通过该面的中心。所有的轴无疑都必须通过立方体的中心,因此,就有下面三种类型

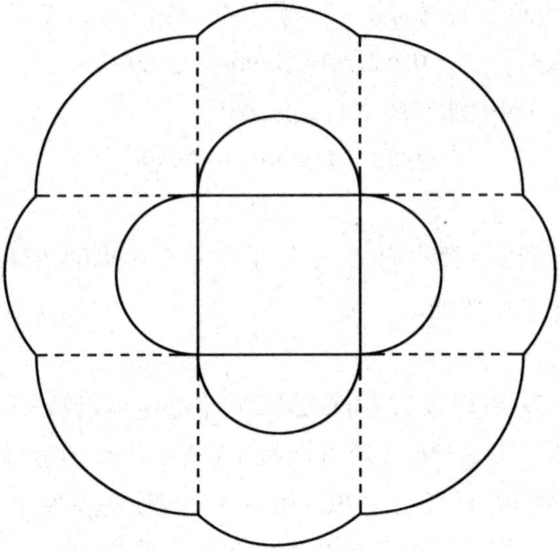

图31

的轴：

（1）4根轴，每根都通过两个相对的顶点，转动角度为120°，240°。

（2）6根轴，每根都通过两条相对棱的中点，转动角度为180°。

（3）3根轴，每根都通过两个相对面的中点，转动角度为90°，180°，270°。

对于第一类轴的长度，见第一部分第12节，其他两类轴的长度较容易计算，于是所要求的平均值是

$$\frac{4\sqrt{3}+6\sqrt{2}+3}{13}\approx 1.416。$$

（这道题目对准备研究晶体学的读者来说，也许会有用。对积分学有充分了解的读者也许会注意到计算出来的平均值和立方体的“平均宽度”相当接近，事实上，平均宽度为 $\frac{3}{2}=1.5$。）

9. 通过长度为 a 的一条棱并和长度为 b 的棱垂直的平面将四面体分成两个更容易着手的全等四面体，其中每一个的底面积都是 $\frac{ab}{2}$，高是

$\frac{a}{2}$。因此要求的体积就等于

$$2 \cdot \frac{1}{3} \cdot \frac{ab}{2} \cdot \frac{a}{2} = \frac{a^2 b}{6}。$$

10. 棱锥的底面是一个n边形。在(a)的情况中,棱锥的n条侧棱长是相等的;在(b)的情况中,它的n个侧面上的(从顶点作出的)高相等。如果我们在(a)的情况中画出棱锥的高,并把它的垂足和底面的n个顶点联结起来,而在(b)的情况中将它的垂足和n个侧面上的高的垂足联结起来,那么在两种情况下我们都得到n个直角三角形,而棱锥的高是它们的一条公共边:我们说这n个直角三角形是全等的。事实上这些直角三角形的斜边[在(a)的情况中是侧棱,在(b)的情况中则是侧高]根据题目所提出的定义是等长的,我们刚才提到过,所有三角形都有一条公共边(棱锥的高)和都有一个公共角(为直角)。所以,在这n个全等直角三角形中第三边也必相等,它们都在同一个平面(底面)上从同一点(高的垂足)作出。于是它们在(a)的情况中和(b)的情况中分别构成了一个外接于或内切于棱锥底面的圆的n条半径。[但是在(b)的情况中还需要证明,刚才提到的n条半径分别垂直于底面的各条边,这可由立体几何中关于投影的一个著名的定理得出。]

最值得注意的是,平面图形中的等腰三角形在立体几何中可能有两种不同的类比。

11. 我们注意到,在第一个方程和第四个方程之间与第二个方程和第三个方程之间有相同的联系:它们左边的系数都相同,但是顺序相反,而右边则符号相反。于是将第一式与最后一式相加,第二式与第三式相加,得到:

$$6(x+u)+10(y+v)=0,$$

$$10(x+u)+10(y+v)=0。$$

这可以看作是由两个线性方程组成的具有两个未知量的一个方程组,也即关于$x+u$和$y+v$的方程组,容易得出

$$x+u=0, \qquad y+v=0。$$

在原方程组的前两个方程中用$-x$代替u,用$-y$代替v,我们就得到

$$-4x+4y=\ 16,$$

$$6x-2y=-16。$$

这是一个简单的方程组,由它可以得出

$$x=-2, \quad y=2, \quad u=2, \quad v=-2。$$

12. 在起始点和他们会合的点之间,每个朋友的行程都是相同的(记住,路程=速度×时间)。我们区分出条件中的下列两个不同部分:

鲍勃和保罗的行程一样多:

$$ct_1-ct_2+ct_3=ct_1+pt_2+pt_3,$$

保罗和彼得的行程一样多:

$$ct_1+pt_2+pt_3=pt_1+pt_2+ct_3。$$

由第二个方程可得

$$(c-p)t_1=(c-p)t_3。$$

当然,我们假设汽车的速度比徒步快,即$c>p$。于是有

$$t_1=t_3$$

也就是说,彼得步行的时间恰和保罗一样长。由第一个方程我们得到

$$\frac{t_3}{t_2}=\frac{c+p}{c-p},$$

这当然也就是$\frac{t_1}{t_2}$的值,由此我们就得到了下列答案:

(a) $\frac{c(t_1-t_2+t_3)}{t_1+t_2+t_3}=\frac{c(c+3p)}{3c+p}$;

(b) $\frac{t_2}{t_1+t_2+t_3}=\frac{c-p}{3c+p}$;

(c) 事实上,$0<p<c$。存在着下列两种极端的情况:

若$p=0$,(a)成为$\frac{c}{3}$,而(b)成为$\frac{1}{3}$;

若$p=c$,(a)成为c,而(b)成为0。

这些结果不必经过计算就很容易看出。

13. 很容易把条件分成四个部分，它们可用下列四个方程来表示

$$
\begin{aligned}
a - d + bg^{-1} &= 85, \\
a + b &= 76, \\
a + d + bg &= 84, \\
3a &= 126。
\end{aligned}
$$

由最后一个方程可得 $a = 42$，然后由第二个方程得 $b = 34$。将余下的两方程相加（为了消去 d），我们就得到

$$2a + b(g^{-1} + g) = 169。$$

由于 a 和 b 是已知的，我们在这里就得到一个关于 g 的二次方程。它的解为

$$g = 2, \quad d = -26 \quad 或 \quad g = \frac{1}{2}, \quad d = 25。$$

于是这两个数列为

$$
\begin{matrix} 68, & 42, & 16 \\ 17, & 34, & 68 \end{matrix} \quad 或 \quad \begin{matrix} 17, & 42, & 67 \\ 68, & 34, & 17 \end{matrix}
$$

14. 如果 a 和 $-a$ 是具有最小绝对值的两个根，那么它们在数列中的位置是彼此相邻的，因此该数列具有如下形式

$$-3a, \quad -a, \quad a, \quad 3a。$$

因此题目中方程的左边必可表示如下形式：

$$(x^2 - a^2)(x^2 - 9a^2)。$$

将上式展开，并比较同次项的系数，我们得到下列方程组

$$
\begin{aligned}
10a^2 &= 3m + 2, \\
9a^4 &= m^2。
\end{aligned}
$$

消去 a 后得到

$$19m^2 - 108m - 36 = 0,$$

由此可得 $m = 6$ 或 $-\frac{6}{19}$。

15. 令 a、b 和 c 代表该三角形的三边，其中 c 为斜边。条件的三个部分

可表示为

$$a+b+c=60,$$

$$a^2+b^2=c^2,$$

$$ab=12c。$$

注意到

$$(a+b)^2=a^2+b^2+2ab,$$

我们得到

$$(60-c)^2=c^2+24c,$$

因此$c=25$,而$a=15$,$b=20$或$a=20$,$b=15$(这对于所求三角形来说并无区别)。

16. 条件的三个部分可表示为

$$\sin\alpha=\frac{x}{a},$$

$$\sin\beta=\frac{x}{b},$$

$$c^2=a^2+b^2-2ab\cos\gamma。$$

消去a和b可得

$$x^2=\frac{c^2\sin^2\alpha\sin^2\beta}{\sin^2\alpha+\sin^2\beta-2\sin\alpha\sin\beta\cos\gamma}。$$

17. 我们猜测

$$\frac{1}{2!}+\frac{2}{3!}+\cdots+\frac{n}{(n+1)!}=1-\frac{1}{(n+1)!}。$$

遵循**归纳与数学归纳**的模式,我们问:当我们从n的值过渡到下一个$n+1$的值时,猜测的公式仍正确吗?根据上面的公式,我们应有

$$\frac{1}{2!}+\frac{2}{3!}+\cdots+\frac{n}{(n+1)!}+\frac{n+1}{(n+2)!}=1-\frac{1}{(n+2)!}。$$

我们通过两式相减来检验它

$$\frac{n+1}{(n+2)!}=-\frac{1}{(n+2)!}+\frac{1}{(n+1)!},$$

这意味着

$$\frac{n+2}{(n+2)!}=\frac{1}{(n+1)!}。$$

上面最后一个等式对于 $n=1,2,3,\cdots$ 明显都成立。因此，根据上面提到的模式，我们就能证明我们的猜测了。

18. 在第 n 行中，右边似乎是 n^3，左边是一个 n 项和，这一和式中的最后一项是第 m 个奇数，即 $2m-1$，其中

$$m=1+2+3+\cdots+n=\frac{n(n+1)}{2}。$$

见**归纳与数学归纳**，4。因此左边和式中的最后一项应该是

$$2m-1=n^2+n-1。$$

因此，我们可以有两种方法来得出所考虑的和的首项：从最后一项倒推 $n-1$ 步，我们发现

$$(n^2+n-1)-2(n-1)=n^2-n+1。$$

而从上面一行的末项向前推一步，我们有

$$((n-1)^2+(n-1)-1)+2,$$

将它进行常规的化简后，我们得到同一结果：非常好！由此我们断言：

$$(n^2-n+1)+(n^2-n+3)+\cdots+(n^2+n-1)=n^3。$$

其中左边表示一个等差数列的一些连续项的和，而这个数列的公差为2。如果读者知道这样一个数列的求和规则（首项和末项的算术平均值乘以项数），他就能证明

$$\frac{(n^2-n+1)+(n^2+n-1)}{2}n=n^3。$$

这样，上面的断言就得证了。

（这里所引用的求和规则可以由一张与图18几乎完全相同的图得出。）

19. 边长为 n 的正六边形的周长为 $6n$。因此，这个周长由 $6n$ 条长度为1的边界线组成，并包括 $6n$ 个顶点。因此在从 $n-1$ 过渡到 n 时，V 增长

$6n$个单位，于是

$$V=1+6(1+2+3+\cdots+n)=3n^2+3n+1。$$

见**归纳与数学归纳**，4。六边形被三条通过其中心的对角线分成6个（大的）等边三角形。通过观察其中一个可知

$$T=6(1+3+5+\cdots+2n-1)=6n^2。$$

（等差数列的求和规则在第18题的解答之中已经引用过了。）这T个三角形共有$3T$条边。在这全部的$3T$条边中，每一条长度为1的内分界线都被计算了两次，而沿六边形周长的那$6n$条边则只计算了一次，因此

$$2L=3T+6n, \qquad L=9n^2+3n。$$

［致程度较高的读者：根据欧拉(Euler)关于多面体的定理$T+V=L+1$可以得出这一结论，证明这一关系式！］

20. 这儿是一系列排列整齐的类比题目：计算A_n、B_n、C_n、D_n和E_n，这些量都表示支付n分钱的方式的种数，区别在于所使用的钱币：

A_n 只用一分币

B_n 用一分币和五分币

C_n 用一分币、五分币和一角币

D_n 用一分币、五分币、一角币和二角五分币

E_n 用一分币、五分币、一角币、二角五分币和五角币

其中符号E_n（使用这个符号的理由现在清楚了）和A_n前面用到了。

E_n是对用这五种钱币来支付n分钱的所有方式进行计数的结果，但是我们可以区分两种可能性：

第一种，不用五角币，根据定义可知这样支付的方式的种数是D_n。

第二种，用一个（或更多）五角币，在第一个五角币放在柜台上以后，还有$n-50$分钱要付，恰好可以用E_{n-50}种方式来支付。

我们推断

$$E_n=D_n+E_{n-50}。$$

同理，

$$D_n=C_n+D_{n-25},$$

$$C_n = B_n + C_{n-10},$$

$$B_n = A_n + B_{n-5}。$$

稍加注意就能发现，如果我们令（这显然是有意义的）

$$A_0 = B_0 = C_0 = D_0 = E_0 = 1,$$

并且当$A_n, B_n, \cdots, E_n$这些量的下标为负数时认为它等于0，则以上各式都成立。（举例来说，可以直接看出$E_{25} = D_{25}$，而这与我们的第一个公式一致，因为$E_{25-50} = E_{-25} = 0$。）

我们的公式允许我们*递归地*计算各量，也就是说，通过回到n的较小数值或较前面的字母来计算。例如，如果C_{20}和B_{30}已知，我们就可以通过简单的相加来计算C_{30}。在下表以A_n开头的第一行和以0开头的第一列的数字中，只包含等于1的数。（为什么？）我们从这些初始的数开始，用简单的加法递归地算出其他数：表中其他所有的数都等于它上面的那个数或者等于它上面的那个数和在它左边一定距离的那个数的和。例如，

$$C_{30} = B_{30} + C_{20} = 7 + 9 = 16。$$

这样一直计算下去，直到$E_{50} = 50$：*你可以恰好用50种方法来支付50分钱*。再继续进行下去，读者就可以使自己确信$E_{100} = 292$：*你可以用292种不同的方法兑换1美元*。

n	0	5	10	15	20	25	30	35	40	45	50
A_n	1	1	1	1	1	1	1	1	1	1	1
B_n	1	2	3	4	5	6	7	8	9	10	11
C_n	1	2	4	6	9	12	16	20	25	30	36
D_n	1	2	4	6	9	13	18	24	31	39	49
E_n	1	2	4	6	9	13	18	24	31	39	50

注　释

1. 文字稍微经过了一些重新整理。更准确的英文译文见：William Whewell，*The Philosophy of the Inductive Science*（1847），vol.2，p.131。

2. 平面被通过B、C的直线一分为二。我们选择一个半平面，在其上面作点A，由此可只考虑一条BC的平行线，否则的话，我们就应考虑两条这样的平行线。

3. 在这一方面，自从欧几里得和他的希腊追随者们定义了点、直线和平面的时代以来，观念已有所改变。然而他们的"定义"很难说是形式定义，而更应该说是一种直观的说明。说明当然是允许的，在教学中甚至是非常可取的。

4. *The Nation*，June 9，1945，Crossword Puzzle，No.119。

5. 如果一个三角形的三个角分别为α、β、γ，且$90°>\alpha>\beta>\gamma$，那么$90°-\alpha$、$\alpha-\beta$、$\beta-\gamma$这三个差值中至少有一个小于15°，除非$\alpha=75°$，$\beta=60°$，$\gamma=45°$。事实上，

$$\frac{3(90°-\alpha)+2(\alpha-\beta)+(\beta-\gamma)}{6}=15°。$$

6. 也可参见本书作者发表的一篇论文：*American Mathematical Monthly*，vol.48，pp.450~465。

7. T.L.Heath，*The Thirteen Book of Euclid's Elements*，Cambridge，1908，vol.1，p.138。

8. 本节中讨论的几点在作者的论文中有更为充分的阐述：*Acta Psychologica*，vol.4（1938），pp.113~170。

9. *American Mathematical Monthly*，vol.50（1943），p.124；vol.51（1944），pp. 234~236。

10. 对"无意识思考"（unconscious thinking）的全面讨论，见 Jacques Hadamard，

The Psychology of Invention in the Mathematical Field。

11. 这是欧几里得《几何原本》第1卷命题32中的一部分。下面的证明并不是欧几里得给出的，但是当时的希腊人已经知道了这个证明。

12. 除了第1题（这一题知者甚广，但是它太有趣了，不容错过）以外，所有其他题目都选自斯坦福大学数学竞赛题（其中作了一些小的改动）。有些题目曾经发表于 *American Mathematical Monthly* 和/或 *The California Mathematics Council Bulletin*。在后面这本杂志上也有本书作者给出的一些解答，在下文中我们对它们进行了适当的重新编排。

How to Solve It:
A New Aspect of Mathematical Method
by
G. Polya

责任编辑　匡志强　卢源　　封面设计　童郁喜

怎样解题
——数学思维的新方法
〔美〕G·波利亚　著
涂　泓　冯承天　译
上海科技教育出版社有限公司出版发行
（上海市闵行区号景路159弄A座8楼　邮政编码201101）
网址 www.sste.com　www.ewen.co
各地新华书店经销　常熟市华顺印刷有限公司印刷
ISBN 978-7-5428-5231-1/N·808
图字09-2017-979号
开本 720×1000　1/16　印张 15.75　字数 218 000
2011年11月第1版　2024年7月第36次印刷
定价：29.00元